KB151853

SOFTWARE FOR STATISTICS AND DATA SCIENCE

Stata 14 version 이상

Stata로 뚝딱뚝딱

| 김완석 지음 |

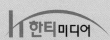

저자 소개

김완석 sanzo213@naver.com

명지대학교 경제학과 학사/석사
Stata 블로그 뚝딱뚝딱(blog.naver.com/sanzo213) 운영

Stata로 뚝딱뚝딱

발행일 2020년 8월 20일 초판 1쇄
지은이 김완석
펴낸이 김준호
펴낸곳 한티미디어 | **주소** 서울시 마포구 동교로 23길 67 3층
등 록 제 15–571호 2006년 5월 15일
전 화 02)332–7993~4 | **팩스** 02)332–7995
ISBN 978–89–6421–405–3 (93310)
정 가 25,000원

마케팅 노호근 박재인 최상욱 김원국 | **관리** 김지영 문지희
편 집 김은수 유채원 | **본문** 이경은 | **표지** 유채원
인 쇄 갑우문화사

이 책에 대한 의견이나 잘못된 내용에 대한 수정정보는 한티미디어 홈페이지나 이메일로 알려주십시오.
독자님의 의견을 충분히 반영하도록 늘 노력하겠습니다.

홈페이지 www.hanteemedia.co.kr | **이메일** hantee@hanteemedia.co.kr

- 이 책은 저자와 한티미디어의 독점계약에 의해 발행한 것이므로 내용, 사진, 그림 등의 전부나 일부의
  무단전재와 복제를 금합니다.

- 파본 도서는 구입처에서 교환해 드립니다.

PREFACE

통계분석을 위해, 해당 이론과 통계 패키지로 통계적 계산을 실행하는 방법을 공부한다. 그러나 실제 통계분석을 할 시, 막상 오래 걸리는 부분은 데이터를 정리하고 취합하는 부분이다. 내가 원하는 데이터는 하늘에서 뚝 떨어진 데이터가 아니기 때문이다. 그러니까 통계 패키지로 통계적 계산을 실행할 때 사용되는 데이터는 이미 정리가 다 되어 깨끗이 정제된 데이터인 것이다. 요즘은 단순히 통계학뿐만 아니라 데이터 과학이니, 인공지능이 대두되고 있지만, 이들 역시 데이터 정리가 선행돼야 함을 고려하면, 데이터 정리를 잘 하는 능력은 결코 무시할 수 없는 능력이라 하겠다.

나의 경우 데이터 정리는 전부 Stata로 한다. Stata의 명령어는 통계분석은 몰라도 데이터를 정리하고, 데이터 관리(Data Management)하는 데 있어서는 최강이기 때문이다. 이 책을 보다보면 알겠지만 정렬하는 sort 명령어와 이와 관련된 by접두어, 그리고 데이터 구조를 쉽게 바꾸게 하는 reshape 명령어는 정말 매력적인 명령어이다. Stata 명령어가 기본적으로 일관되고 직관적인데 그 특징이 이들 명령어에 그대로 적용되기 때문이다. 특히 reshape 명령어는 R프로그래밍의 reshape2 패키지의 reshape함수, SAS의 transpose 프로시저보다 문법이 쉬우면서 강력하다(물론 통계 패키지를 Stata로 처음 접했으면 reshape 명령어가 낯설 수 있지만). 그리고 반복문은 다른 통계 패키지보다 문법이 쉬우며 반복 작업을 다른 통계 패키지보다 쉽게 수행할 수 있다.

이 책은 여러 통계 패키지 중에서 Stata란 통계용 계산기로 데이터를 정리하는 데 있어 꼭 필요하며 기초가 되는 부분을 공부할 수 있도록 집필하였다. Stata를 사용하면서 터득한 내용과 나만의 팁을 개인 블로그(blog.naver.com/sanzo213)에 정리해왔는데, 블로그 내용이 책의 내용의 기반이 되었으며 또한 이 책의 경우 블로그에 없는 내용들도 일부 추가하였다.

  Stata와 관련해선 통계분석 책은 여러 권이 존재하지만, 데이터 정리와 관련된 책은 부족했던 것이 사실이다. 이 책을 통하여 Stata로 데이터를 쉽게 정리할 수 있었으면 한다. 더 나아가 Stata와 친숙해져서 데이터 정리뿐만 아니라 Stata의 모르는 여러 부분을 독자가 스스로 찾아내는 능력이 배양되었으면 한다.

  끝으로 이 책을 집필하는 데 여러모로 도움을 주신 한티미디어 편집부에 감사드리며, 이 책이 나오는 데 응원해 준 내 가족과 여러 지인분들께 이 자리를 빌어 감사의 말을 전한다.

저자

CONTENTS

1

Stata 화면구성

Stata 프로그램을 열면 선뜻 화면구성이 어떻게 돼있는지 모를 수 있다. 무엇보다 프로그램과 친해지기 위해서는 기본적인 인터페이스가 어떤 것이고 어떤 기능인지 둘러볼 필요가 있다. Stata화면 구성에는 크게 메인화면, do-file editor, 데이터 편집기 세 가지 창으로 구성되어 있다.[1] 각각 하나씩 살펴보자. 그림을 보며 설명을 본다면 이해가 빠를 것이다.

CONTENTS

---

1 16버전부터 Stata의 인터페이스가 한글로 나오게 설정할 수 있음

1.1 ▶ 메인창

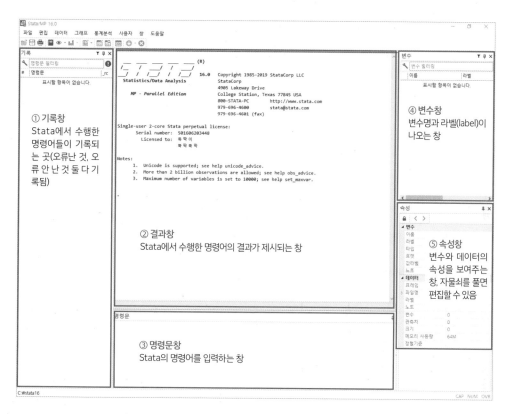

그림 1.1   Stata 메인화면 구성(1)

① 기록창

Stata에서 수행된 명령어들이 기록되는 곳이다. 명령어의 문법(syntax)에 오류가 있든 없든 간에 말이다. 오류가 있어 실행이 안 된 명령어는 붉은색으로 표시가 되며, 앞서 시행했던 작업의 명령어를 시행하고자 할 때, 해당 부분을 더블클릭함으로써 실행이 가능하다. 그리고 마우스로 오른쪽으로 클릭하여 앞서 시행했던 작업의 명령어들을 do-file editor로 보낼 수도 있다.

② 결과창

수행되는 명령어 및 해당 명령어의 결과가 제시되는 창이다. 가령 한 변수의 요약통계량을 보여주는 명령어가 summarize인데 요약통계량의 결과가 이 결과창에 제시된다. 그리고 오류가 났을 때 왜 오류가 났는지 간략한 설명이 붉은색 글씨로 나타난다. 그래서 오류가 났을 때, 결과창의 붉은 글씨를 잘 읽어보면 오류의 원인을 조금 더 빨리 찾을 수 있다.

③ 명령문창

Stata의 명령어를 입력하는 창이다. 사실 Stata가 SPSS처럼 마우스 클릭방식으로 작업할 수 있지만 명령어를 입력할 수 있다. 그러나 명령문창으로는 하나의 명령어만 입력 및 실행되는 단점이 있다. 그래서 명령문창은 잠깐만 사용할 작업이나 적은 양의 명령어를 입력할 때 사용한다.

④ 변수창

변수창을 통하여 데이터에 있는 변수의 이름과 변수의 라벨을 확인할 수 있다. 라벨은 보통 해당 변수에 대한 간략한 설명을 기록하고자 할 때 유용하다. "변수 필터링"이라고 적힌 부분을 사용하여 변수명과 라벨을 검색할 수 있다.

⑤ 속성창

변수와 데이터의 속성을 보여주는 창이다. 가령 변수 부분을 살펴보면, 해당 변수가 어떤 타입[2]인지 어떤 포맷인지 보여주고 편집도 가능하다. 편집하려면 자물쇠를 클릭하고 사용해야 된다. 가령 시간변수의 표시형식을 명령어로 바꾸고자 하는데 자기가 원하는 포맷이 어떤 포맷인지 알고자 할 때 이 창을 사용하면 좋다. 그래서 그 포맷을 복

---

2 세부적으로 여러 가지가 있지만, 크게 문자(string) 숫자(numeric)로 나뉘어져 있음

사해서 do-file editor에 복사하면 된다. 가령 daily 날짜표시 양식을 YYYY-MM-DD 양식으로 표시하고자 한다고 해보자.

포맷을 바꾸고자 할 때 포맷 명령어를 쓰면 되지만 YYYY-MM-DD 양식을 의미하는 Stata 기호가 무엇인지 몰라서 포맷 명령어를 사용 못 할 수 있다. 그 때 이 속성창의 변수 부분을 통해서 해당 포맷의 기호를 찾을 수 있다.[3]

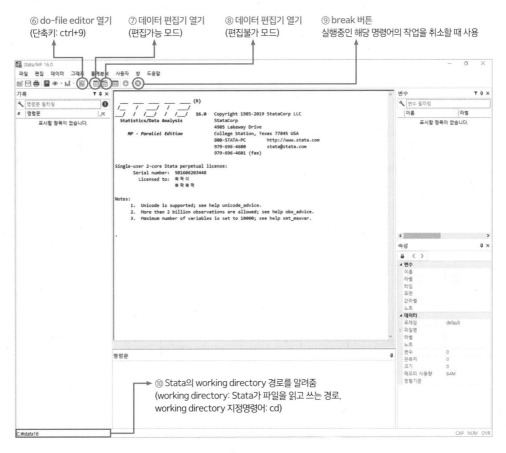

그림 1.2   Stata 메인화면 구성(2)

---

3 이에 대한 자세한 설명은 5장의 〈format을 쉽게 활용하는 방법〉 부분과 14장 부분 참조

⑥ do-file editor

가장 중요한 부분이다(단축키: ctrl+9). 앞서 언급했듯이 명령문창으로는 개별 명령어만 입력/실행하는 한계가 있다. 그래서 각 명령어들을 메모장 같은 곳에 한꺼번에 저장[4]한 다음, 그 명령어들을 일괄 실행하는 기능이 필요하다. 그 역할을 바로 do-file editor가 수행한다. do-file editor의 인터페이스 부분도 잠시 후에 설명하고자 한다. 또한 왜 do-file editor를 활용해야 되는지도 함께 말이다.

⑦ 데이터 편집기 열기(편집가능 모드)

Stata에 읽어들인 데이터를 확인할 때 클릭하면 된다. 해당 명령어는 edit이다. 명령문창에 edit를 치거나 해당 아이콘을 클릭하면 똑같이 새로운 창이 뜰 것이다. 그것이 바로 데이터 편집기이다. 이때의 데이터 편집기는 편집가능 모드이기에 수정이 가능하다. 그러나 필자는 추천하지 않는다. 설문지 코딩처럼 셀에 일일이 데이터를 입력하는 것은 엑셀에 입력하는 게 더 적절하며, 이미 만들어진 원시자료(rawdata)를 편집하고 가공하는 것은 do-file editor를 활용하여 충분히 가능하기 때문이다.

⑧ 데이터 편집기 열기(편집 불가 모드)

Stata에 읽어들인 데이터를 확인할 때 클릭하면 된다. 해당 명령어는 browse이다. 명령문창에 browse를 치거나 해당 아이콘을 클릭하면 데이터 편집기가 열린다. 그러나 이때는 편집 불가 모드이기 때문에 데이터 값을 수정할 수 없다.

⑨ break 버튼

실행 중인 해당 명령어의 작업을 중단할 때 사용하는 명령어이다. 명령어보단 do파일의 적은 명령어들을 일괄적으로 실행하는데, 이를 취소하고자 할 때 break 버튼을 누

---

4 확장자는 do인 파일로 저장됨

르면 된다. 그러면 취소가 된다.

⑩ working directory

좌측 하단에 C:라는 문자가 보일 것이다. 이는 Stata의 워킹 디렉토리(working directory)를 의미한다. 워킹 디렉토리는 Stata가 파일을 바로 열고 바로 저장하는 경로를 말한다. Stata 데이터파일[5]을 열 때 사용하는 명령어는 use 명령어를 예를 들어 설명하고자 한다. 그리고 C:경로에 Stata의 데이터파일인 data.dta파일이 있다고 해보자. 보통은 data.dta파일을 열고자할 때 use C:₩stata16₩data.dta[6], clear로 열고자 한다.

그러나 working directory가 C:이라면, 파일 위치를 파일명 앞에 입력하지 않고 바로 use data.dta, clear를 함으로써 열 수 있다. 만약 내가 열고자 하는 파일이 working directory가 아닌 다른 경로에 위치해 있다면 파일명 앞에 경로를 입력해야 되지만, 열고자 하는 파일이 working directory 안에 있을 경우 굳이 파일명 앞에 경로를 다 칠 필요가 없다. 참고로 working directory를 지정하는 명령어는 cd이며 working directory를 결과창을 통해 확인하는 명령어는 pwd이다.[7]

---

5 확장자가 dta임
6 폴더 및 파일명에 띄어쓰기나 특수문자가 있을 경우 양옆에 큰따옴표를 붙여줘야 함. 즉 use "C:₩ Stata16₩data.dta", clear
7 cd, pwd 명령어는 각각 "change directory", "print working directory"의 약자임

1.2 ▶ do-file editor

1.2.1 do-file editor

그림 1.3   do-file editor

do-file editor를 통하여 여러 명령어를 메모장처럼 기록하여 사용할 수 있다. 그리고 이렇게 모아둔 명령어를 일괄적으로 실행할 수 있다. 만약 do-file editor가 없었다면 clear부터 save 마스터.dta,replace까지 명령문창에 일일이 입력해야 했다. 그러나 do-file editor에서 명령어들을 한꺼번에 실행시킬 수 있다. [그림 1.3]의 재생버튼을 누르거나 또는 단축키 ctrl+d[8]를 눌러도 된다. 전체가 아니라 일부분만 실행할 경우, 실

---

8 do-file의 머리글자에 착안

행하고자 하는 일부분만 드래그한 다음 재생버튼을 누르거나 ctrl+d를 눌러 실행하면 된다. 물론 드래그할 때 일부분만 드래그하고 실행해도 된다.

1.2.2 왜 do파일에 작성하면서 실행해야 되는가?

여기서 왜 마우스 클릭 방식이 아닌 syntax 방식으로 do파일에 작성하면서 해야 되는지 설명하고자 한다. 그 이유는 처음엔 익숙하지 않고 번거로울지 몰라도 궁극적으로는 가장 빠른 지름길이기 때문이다. 마우스 클릭 방식보다 syntax 중심으로, 그것도 명령문창에 치는 게 아니라 do-file editor에 직접 써내려가면서 작업하는 게 중요하다. 일단 내가 한 작업을 일일이 기억할 수 없다. 내가 작업한 일련의 과정들을 비디오카메라로 찍지 않는 이상 이를 기억해낼 수도 없다. 몇 달만 지나도 내가 한 작업들을 과연 온전히 기억해낼 수 있을까? 그럴 수 없기 때문에 do파일에 기록하는 것이 좋다. 마우스 클릭으로 작업했다면 다시 작업해야 할 때, 처음부터 하나하나 그 작업을 반복해야 한다. 그러나 do파일로 작성하면, 잘못된 부분만을 찾아서 수정하면 된다. 그리고 특정 반복 작업을 마우스로 하는 것은 매우 번거로운 일이다. do파일에서 작성할 때 더 편한 이유는, 반복문(loop)을 사용하면 반복 작업을 편하게 할 수 있다.[9] 게다가 Stata의 경우 user-written 명령어라고 하여 Stata user들이 명령어도 만드는데, syntax 형식으로 되어 있는 것이 대부분이라 결국 syntax 방식에 익숙해지는 것이 여러모로 낫다.

그리고 처음에 do파일 작성이 익숙하지 않아서 커맨드창으로 명령어를 하나씩 입력하고 실행하는 경우가 있다. 이런 식으로 하다가 실수가 생기면 처음으로 돌아가 다시 명령어를 입력해야 한다. 이 경우 마우스 클릭 방식보다 더 고생스러운 작업이 될 것이다. 그러나 do파일로 작성했을 경우 오류나기 전까지의 부분만 마우스로 드래그한 다음 do파일을 실행하면 되기 때문에 이러한 불상사를 줄일 수 있다.

처음에는 do파일 작성 방식이 익숙하지 않아서 힘들 수 있다. 개별 명령어들의

---

9 반복 작업을 하라는 명령을 마우스 클릭 방식으로 설정 못함

syntax도 이해하고 숙지해야 하며, 이에 맞추어 기록해야 하기 때문이다. 그러나 개별 명령어의 syntax는 정말 쉽다. 그리고 do파일을 작성할 때, 처음부터 끝가지 다 작성하고 난 후 실행하는 것이 아니라, 적당히 어느 정도 작성하고 나서 실행하여 오류가 나면 그 부분을 수정하고 다시 실행하고, 오류가 없으면 그다음 줄을 써내려가는 방식으로 작성하면 된다.

1.3   데이터 편집기

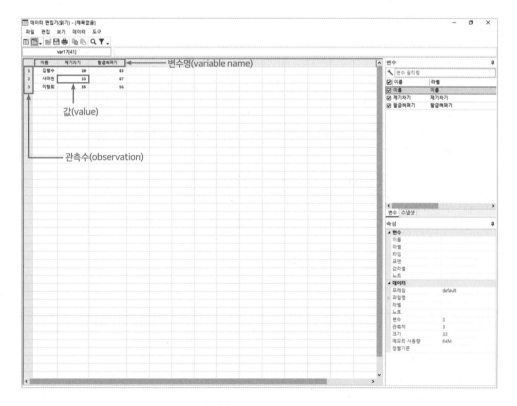

그림 1.4   데이터 편집기

데이터 편집기를 살펴보면, 데이터를 읽어들였을 시 숫자가 나타나는 부분이 있는데, 이 부분을 통해서 줄(row)의 개수를 의미하는 관측수(observation)가 얼마나 있는지 알 수 있다. 즉 데이터를 읽어들이지 않았으면 숫자가 나타나지 않고 회색부분만 표시된다. 윗부분의 회색부분은 열(column)의 이름을 나타내는 변수명(variable name)이 표시된다. 변수명의 경우, 당연히 동일한 변수명을 사용할 수 없으며, 영문 대소문자를 구분한다. 또한 변수명이 숫자를 표시할 수 없으며, 밑줄(underbar 혹은 underscore)을 제외한 특수문자를 변수명에서 사용할 수 없는 특징이 있다. 또한 14버전 미만에는 변수명을 영문으로만 사용할 수 있었으나, 14버전부터 변수명을 영어가 아닌 다른 언어로 표시할 수 있다. 엑셀에서 셀이라고 부르는 것을 Stata에서는 값 혹은 변수값(Value)이라고 부른다. 값도 여러 종류가 있지만 크게 문자값(string value), 숫자값(numeric value)이 있으며 이는 변수의 type과도 관련되어 있다. 이 책에서는 줄, 열, 셀의 명칭을 각각 관측수(observation), 변수(variable), 값(value)이라는 명칭으로 사용할 것이다. 이 내용을 [표 1.1]로 정리하면 다음과 같다.

표 1.1 데이터 관련 Stata 명칭

구분	Stata 명칭	비고
줄 (row)	관측수 (observation)	
열 (column)	변수 (variable)	• 동일한 변수명을 사용할 수 없음 • 영문 대소문자를 구분함 • 변수명이 숫자로 시작할 수 없음 • 밑줄(underbar 혹은 underscore)을 제외한 특수문자를 변수명에서 사용할 수 없음 • 14버전부터 변수명을 영어가 아닌 다른 언어로 표시할 수 있음
셀 (cell)	값(또는 변수값) (value)	• 문자값(string value), 숫자값(numeric value)이 있으며 변수의 type과 관련이 있음

☑ 왠만하면 듀얼모니터를 활용하자

한 모니터엔 Stata 메인화면을 보조모니터엔 데이터 편집기를 띄우면서 Stata를 실행하는 게 효율적이다. 왜냐하면 내가 작업한 결과가 제대로 나왔는지 보려면 데이터의 내용을 봐야하는데 이를 데이터 편집기를 통해서 봐야 하기 때문이다. 한 화면을 반으로 나누어서 보려 하면 Stata 메인화면 내의 결과창이 작아져서 보기가 불편하다. 그러므로 작업할 때는 아래의 사진처럼 듀얼모니터로 작성하는 것이 좋다.

1.4 ▶ Stata 끄기

exit, clear

Stata를 끌 때 x버튼을 눌러도 되지만, exit 명령어를 사용해도 된다. 이때는 clear옵션을 같이 사용하는 것이 좋다. clear 없이 exit를 실행하면 메모리에 업로드된 데이터가 저장되지 못하고 사라지게 되어 종료할 수 없다고 Stata가 붉은 글씨로 항의하기 때문이다. 이를 무시하고 종료하고자 할 때 clear옵션을 사용하면 바로 종료할 수 있다.

2

외부자료 읽어들이기

LEARNING OBJECTIVE

Stata의 데이터파일의 확장자는 dta파일이다. 그러나 데이터가 항상 dta파일로 제공되지 않는다. 그렇기 때문에 이 장에서는 외부자료를 읽는 법을 소개하고자 한다. 외부자료는 주로 엑셀파일과 구분자가 있는 텍스트파일이다. 아울러 명령어의 문법의 개략적인 내용, 그리고 help 창을 통해 나오는 문법설명을 보는 법도 같이 소개하고자 한다.

CONTENTS

2.0   명령어 얼개

처음에 명령어를 사용해야 하고, 이를 do파일에 작성하는 방식이 낯설 수 있다. 그러나 Stata의 문법에 조금만 익숙해지면, 금방 적응되어 사용할 수 있다. Stata의 문법이 쉽고 직관적이며, 일관적이기 때문이다.

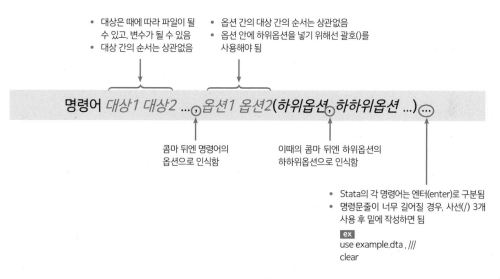

그림 2.1   Stata 명령어 얼개

Stata의 명령어 얼개는 크게 "명령어 대상, 옵션"으로 구성되며 콤마 뒤에 나오는 글자는 그 명령어[1]의 옵션으로 인식한다. 명령어와 한 가지 이상의 대상, 한 가지 이상의 옵션은 띄어쓰기를 통해 구분할 수 있다. 예를 들어, example.dta란 파일을 열고자 할 때 [use example.dta, clear]라고 열어야 하는데, [useexample.dta, clear]로 띄어쓰기를 하지 않으면 컴퓨터는 문맥상 명령어와 대상을 구분할 수 없어 [useexample.dta]를 하나의 명령어로만 보려고 하고 에러가 발생하게 된다. 대상은 때에 따라 파일이 될

---

1   명령어가 다음에 소개될 import excel처럼 두 개의 단어로 구성되어 있는 경우가 있음

수 있으며, 변수가 될 수도 있다. 옵션 안에 옵션을 사용하기 위해선 괄호()를 사용하여 그 안에 하위옵션(suboption)을 사용해야 한다. 간혹 하위옵션의 옵션인 하하위옵션 (sub-suboption)을 사용하고자 할 경우 [그림 2.1]처럼 콤마를 사용하고 그 뒤에 하하 위옵션을 사용하면 된다.

그리고 Stata의 각 명령어는 SAS나 R과 달리 기본적으로 엔터로 구분된다.[2] 그러나 대상이 많고 옵션들이 많아 명령문의 줄이 길어질 경우 한 줄에 적기 힘들 수 있다. 이 때 [그림 2.1]처럼 사선 3개(///)를 사용한 다음 엔터키를 눌러 그 밑줄에 이어서 쓸 수 있다.

2.1 엑셀파일 읽어들이기

2.1.0 문법설명 및 help창의 문법보는 법

엑셀파일을 읽어들이는 명령어는 import excel이란 명령어를 사용해야 한다. 이 명령어의 문법을 알고 싶을 경우, help 명령어를 사용해야 한다. 예를 들어 merge의 명령어의 문법과 설명을 알고 싶을 경우 help merge를 치면 설명이 나온다.[3] 그런데 import excel의 명령어의 경우 import라는 범주에 있는 명령어이기 때문에 문법설명을 보는 방법은 두 가지가 있다. 하나는 명령문창에 help import_excel이라고 치는 방법이고, 다른 하나는 명령문창에 help import를 치고 나서 푸른색의 [D] import excel 클릭하면 [그림 2.2]의 문법설명창을 확인할 수 있다.

---

2 물론 SAS나 R처럼 세미콜론(;)을 사용하여 긴 명령문을 엔터를 사용해가며 코딩할 수 있는데, #delimit ;를 사용해주면 됨

3 푸른색의 View complete PDF manual entry 버튼을 누르면 pdf로 된 더 자세한 설명을 확인할 수 있음

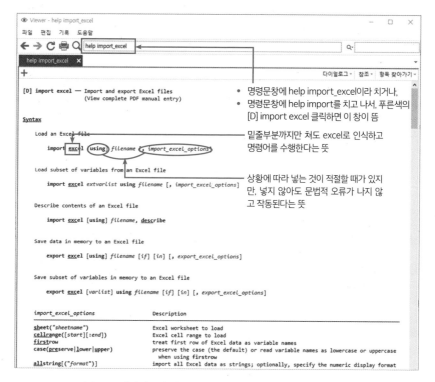

주: Syntax에서 사용된 밑줄 및 대괄호는 옵션에도 동일한 의미로 사용됨

그림 2.2 import excel 문법설명 및 help창의 문법 보는 법

Syntax 부분에서 문법을 볼 수 있는데, 여러 기호가 있다. 우선 밑줄은 해당 단어를 다 입력하지 않아도 컴퓨터가 이해하고 수행한다는 뜻이다. import excel의 경우 exc부분에 밑줄이 쳐져 있는데 exc까지만 쳐도 excel이라는 글자로 인식하고 명령어를 수행한다는 뜻이다. 또한 대괄호는 상황에 따라 넣는 것이 적절할 때가 있지만, 넣지 않아도 문법적 오류가 나지 않고 작동된다는 뜻이다. 예를 들어 2장의 예시 엑셀파일인 예제.xlsx 파일을 연다고 하자. 이때 import excel 예제.xlsx를 쳐도 에러가 발생하지 않고 엑셀파일을 읽어들이게 된다는 뜻이다.[4] 이러한 기호는 옵션에도 동일하게 적용된다.

---

4 하지만 예제.xlsx 파일은 sheet옵션을 통해 어느 시트를 읽을지 명시하지 않아 Stata는 맨 처음 Sheet를 읽어들이게 됨

2.1.1 엑셀파일 읽어들이기

0 clear옵션

import excel에서 많이 사용되는 옵션은 clear, firstrow, sheet, cellrange옵션이다. 여기서 clear옵션에 대해서 설명하고자 한다. clear옵션은 메모리(ram)에 업로드된 데이터를 대체 가능하게 만드는 명령어이다. 예를 들어 Stata로 어떤 데이터를 읽어들이고 나서 변수를 만들고 자르는 등 여러 작업을 통해 데이터를 적절히 가공했다고 가정하자. 그런데 이 상황에서 기껏 내가 고생해서 만든 데이터를 저장하지 않고 바로 다른 데이터를 열고자 한다면, Stata는 파일을 함부로 열 수 없다며 에러를 낸다. 이때 붉은 색 글씨로 표시되는 "no; dataset in memory has changed since last saved"란 말의 뜻을 잘 이해해야 할 것이다. 즉 이 에러가 주는 메시지는 기껏 내가 고생해서 가공한 데이터를 저장하지 않은 채 다른 데이터를 열고자 한다면, 메모리에 업로드된 데이터는 사라지게 될 것이며 고생한 보람이 없게 된다는 뜻이다. 이때 이를 무시하고 데이터를 곧바로 열고자 할 경우 clear옵션을 사용하면 되는 것이다.

대부분의 경우, 데이터를 저장하고 나서 다른 데이터를 열 것이고, 오류 없이 원활하게 데이터를 여는 것을 원할 것이기에 특별한 경우가 아니면 clear옵션을 사용하는 것이 좋다. clear옵션은 비단 import excel뿐만 아니라 데이터를 읽어들이고 여는 다른 명령어인 import delimited, use 명령어 등에도 존재한다. 이 역시 clear옵션을 습관적으로 사용하는 것이 좋다.

1 firstrow

```
import excel 예제.xlsx , sheet(master) clear
import excel 예제.xlsx , sheet(master) firstrow clear
```

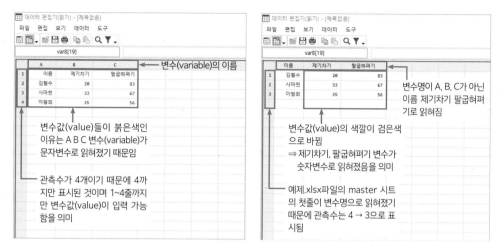

(a) firstrow옵션 사용 안 할 시   (b) firstrow옵션 사용할 시

그림 2.3 firstrow옵션 사용 유무를 통해 알 수 있는 문자와 숫자

상기 두 명령문의 차이는 firstrow옵션의 사용 유무의 차이이며 나머지 부분은 모두 동일하다. 그러나 두 명령문의 실행결과는 매우 다르다. [그림 2.3]의 (a)를 살펴보자. 데이터 자체를 일단 읽어들이는 것에 성공했다. 즉 에러가 나지 않고 읽어들였다는 것을 의미한다. 그러나 변수명으로 읽어들여야 했을 부분이 첫 줄에 있다. 따라서 에러가 나지 않았지만, 데이터를 우리의 의도대로 읽지 못했다. 따라서 [그림 2.3]의 (b)처럼 firstrow옵션을 사용하여 읽어야 우리의 의도대로 읽을 수 있다. 그리고 예제.xlsx 파일 master시트의 첫 줄이 변수명으로 읽혀졌기 때문에 (a)와 (b)의 관측수의 차이가 난 것을 확인할 수 있다.

여기서 [그림 2.3]의 (a)와 (b)를 비교해보면 변수값이 색깔이 다른 부분을 알 수 있다. 아무 이유 없이 이러한 색깔을 가진 것이 아니다. 붉은 색깔의 변수는 문자변수로, 검은 색깔의 변수는 숫자변수로 읽혀졌음을 의미한다.[5] Stata는 데이터를 읽을 때, 변수가 문자변수인지, 숫자변수인지를 판별하면서 데이터를 읽어온다. 그런데 (a)의 경우

---

5 이는 describe 명령어를 통해서도 확인할 수 있음. 6장 참조

두 번째 칼럼을 읽어들이려 할 때, 첫 줄에는 제기차기는 숫자가 아닌 문자값이 존재한 다. 이렇게 어느 한 변수에 숫자로 바꿀 수 없는 값이 단 하나라도 존재할 경우 Stata는 이 변수를 숫자변수가 아닌 문자변수로 읽어들이게 된다. 이는 (a)의 세 번째 칼럼에도 동일하게 적용되는 것이다. 반면에 (b)는 firstrow옵션을 사용하였기 때문에 두 번째, 세 번째 칼럼을 읽어들일 때, 제기차기와 팔굽혀펴기는 변수명으로 사용하게 되고, 그 러면 나머지 값들은 모두 숫자이기 때문에, 두 번째 변수, 세 번째 변수를 모두 숫자변 수로 읽어들이게 되는 것이다.

이렇게 숫자변수로 읽었어야 될 변수를 문자변수로 잘못 읽어들이게 되면, 해당변수 의 기초통계량 구하기, 회귀분석하기와 같은 연산 자체를 못하게 되는 문제점이 발생 한다. 따라서 컴퓨터로 하여금 숫자가 아닌 값이 존재한다면 이를 없애주고, 숫자로 바 꿀 수 있으면 이를 숫자로 바꾸도록 명령하여 숫자변수로 인식하게 인도해야 한다. 문 자변수를 숫자변수로 바꾸고, 숫자변수를 문자변수로 바꾸는 것은 5장에서 자세히 다 루도록 한다.

2 cellrange

import excel 예제.xlsx , sheet(using) firstrow cellrange(b2:c6) clear

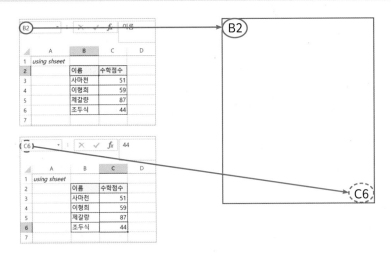

그림 2.4   cellrange옵션을 사용하여 엑셀자료 읽어들이기

이번에 예제.xlsx의 두 번째 시트인 using시트의 자료를 읽는 상황이다. 시트 전체를 읽는 것이 아니라 필요한 부분을 읽어야 하는 상황이다. 이때 cellrange옵션을 사용해주면 된다. 콜론(:)을 기준으로 왼쪽엔 시작cell 위치를 입력하고 오른쪽엔 끝 cell을 입력해야 한다. 셀의 위치를 찾는 방법은 [그림 2.4]를 통해 할 수 있다. 또한 firstrow옵션으로 인해 엑셀파일의 두 번째 줄이 변수명으로 인식됨을 알 수 있다. cellrange(b2:c6)옵션으로 인해 엑셀파일의 두 번째 줄이 첫 번째 줄로 인식되기 때문이다.

3 저장하고 열기

```
save using.dta,replace
use using.dta,clear
```

엑셀파일을 Stata로 읽어들였으면 Stata의 데이터파일인 dta파일로 저장하는 것이 좋다. 이때 사용하는 명령어는 save란 명령어이다. 물론 만약 cd 명령어를 사용하지 않았다면, 파일명 앞에 경로를 입력해야 되는 불편함이 수반되었을 것이다. cd 명령어를 사용함으로써 이러한 불편을 덜 수 있게 된다. 그리고 import excel 명령어를 사용할 때 clear를 습관적으로 달아주자고 한 것처럼 save 명령어를 사용할 때도 replace란 옵션을 습관적으로 달아주는 것이 좋다. replace옵션을 달지 않고 save 명령어를 사용하려한다면, file using.dta already exists란 오류를 내며 실행을 거부할 것이기 때문이다. 즉 기존의 using.dta파일에 저장하려 할 때 replace옵션을 사용하지 않으면, 기존에 컴퓨터에 저장했던 using.dta파일의 내용이 달라질 것이기 때문에 Stata는 이를 고려하여 file using.dta already exists라는 오류를 내는 것이다. 물론 워킹 디렉토리에 using.dta 파일이 없는 경우에는 군이 replace옵션을 달지 않아도 저장된다. 그러나 대부분의 경우 기존 파일에 덮어씌우는 경우가 많기 때문에 save 명령어를 사용할 경우, replace옵션을 습관적으로 달아주는 것이 좋다.

한편 dta파일을 여는 명령어는 use이며[6], import excel과 마찬가지로 clear옵션이 존재한다. use 명령어 역시 clear옵션을 습관적으로 사용해주는 것이 좋으며 이유 역시 동일하다.

2.2   텍스트파일 읽어들이기

2.2.1   구분자(delimiter)

엑셀파일의 경우, 줄의 최대 개수는 1,048,576개이며 데이터의 줄 개수가 그 이상이면 텍스트파일을 사용하여 데이터가 제공된다. 그런데 여기서 생각해보자. 텍스트파일로 제공된다고 하면, 줄의 구분은 될 것인데, 열의 구분은 어떻게 할 수 있을까? 각 줄의 따라 값의 길이가 똑같다는 보장이 없다. 그렇다면 어디서부터 어디까지가 첫 번째 열이며, 어디서부터 어디까지가 두 번째 열인지 구분 지을 수 있는 기준이 필요할 것이다. 이렇게 열을 구분 짓게 하는 역할을 하는 값을 구분자(delimiter)라고 부른다.

그림 2.5   구분자 예시(csv파일)

---

6 모든 변수가 아닌 특정변수, 특정 줄만 골라서 여는 것도 가능함. 이는 help use를 명령문창에 쳐서 참고하기 바람

　　[그림 2.5]은 텍스트파일의 한 종류인 csv파일을 예시로 구분자가 무엇인지 보여주고 있다. csv파일은 대개 엑셀파일로 열 수도 있지만, 텍스트파일이기에 메모장으로도 열 수 있다. [그림 2.5]와 같이 csv파일은 콤마를 통해, 각 줄의 열을 구분 지을 수 있다. csv가 comma-separated values의 약자인데 이를 통해서 콤마를 통해 구분되어 있음을 알 수 있는 것이다. 구분자가 꼭 콤마로 되어 있는 것은 아니다. 때로는 |를 사용하기도 하며, tab을 사용하기도 한다. 그래서 원시자료(rawdata)가 텍스트파일인 경우 코드북 (또는 파일설계서)이 제공되고 코드북에 구분자가 무엇인지 명시되어 있다.

1 import delimited 문법

import delimited [using] 파일명 [, *옵션1 옵션2 …*]

옵션	설명
clear	메모리(ram)에 업로드된 데이터를 대체 가능하게 하기
delimiters(.문자.)	문자를 구분자로 사용
varnames(#|nonames)	#번째줄을 변수명으로 처리하거나 변수명을 가지지 않게 하기(nonames)
encoding(.encoding.)	읽어들일 텍스트파일의 encoding을 지정하기

　　import excel문법에 익숙해지면 import delimited 명령어 또한 어렵지 않게 사용 가능하다. delimited 부분에 delim까지 밑줄이 그어져 있어 import delim으로 사용 가능함을 알 수 있다. 그리고 텍스트파일의 특성상 구분자가 무엇인지 Stata로 하여금 알려주는 것이 필수인데, 그 역할을 delimiters옵션을 통해서 지정할 수 있다. import delimited옵션은 상기 명시된 옵션 이외에 다른 옵션들이 있으며 help를 통하여 살펴보기 바란다. import excel과 마찬가지로 명령문창에 help import_delimited를 치거나 help import를 치고 나서 푸른색의 [D] import delimited를 클릭하면 설명을 확인할 수 있다. 여기선 delimiters옵션을 통해 csv파일과 tab으로 구분된 파일을 읽기와 한글

이 깨질 때 사용되는 encoding옵션의 사용 예시를 소개하고자 한다.

2 텍스트파일 읽기

```
import delimited auto.csv , delim(",") clear
import delimited auto.txt , delim("\t") clear
```

위와 같이 csv파일을 읽어들이기 위해서 delim옵션에 콤마값인 ","를 넣어주어야한다. 그런데 만일 구분자가 tab으로 구분돼있을 경우, 이때는 "\t"을 사용해야 한다. 백슬래쉬를 나타내는 기호인 \는 키보드에 원화 표시를 눌러주면 나올 수 있다. delimiters옵션에 콤마와 \t를 넣을 시 양옆에 큰따옴표를 반드시 사용해야 함에 주의한다.

3 한글이 이상하게 읽혀진 경우

```
import delimited 다른예시.csv , delim(",") clear
import delimited 다른예시.csv , delim(",") encoding("euc-kr") clear
```

간혹 텍스트파일을 읽었는데 [그림 2.6]의 (a)와 같이 한글이 깨지게 나올 때가 있다. 이는 한글에 대한 encoding 방식이 달라서 그러한데, 이때 encoding옵션을 사용해주면 된다. 예시자료의 경우 [그림 2.6]의 (b)처럼 encoding옵션 안에 "euc-kr"을 사용해주었는데, "euc-kr"아니면 "utf-8"이나 "CP949"를 사용해주면 한글이 깨지지 않고 삽입된다.

	ùmonthly	ºŐí	ºîí	ãµµº	àîçãçàû
1	2017-01	ÃÑ °è	ÃÑ °è	Àü±¹	39898
2				¼-¿Ï	5102
3				ÀÎÃµ	849
4				°æ±â	12766
5				ºÎ»ê	3072
6				´ë±¸	1716
7				±¤ÁÖ	2591
8				´ëÀü	232
9				¿Ï»ê	140
10				¼¼Á¾	741
11				°-¿ø	592
12				ÃæºÏ	5796
13				Ãæ³²	532
14				ÀüºÏ	1164
15				Àü³²	529
16				°æºÏ	986
17				°æ³²	1736
18				Á¦ÁÖ	1354
19	2017-02	ÃÑ °è	ÃÑ °è	Àü±¹	89480
20				¼-¿Ï	14509
21				ÀÎÃµ	1680
22				°æ±â	26269
23				ºÎ»ê	4690
24				´ë±¸	2903
25				±¤ÁÖ	6066
26				´ëÀü	698
27				¿Ï»ê	605
28				¼¼Á¾	771
29				°-¿ø	3096
30				ÃæºÏ	8115
31				Ãæ³²	3530
32				ÀüºÏ	2979
33				Àü³²	1333
34				°æºÏ	5184
35				°æ³²	4573
36				Á¦ÁÖ	2479
37	2017-03	ÃÑ °è	ÃÑ °è	Àü±¹	141100

(a) encoding옵션 사용 안할 시

	월monthly	구분명	부문명	시도별	인허가실적
1	2017-01	총 계	총 계	전국	39898
2				서울	5102
3				인천	849
4				경기	12766
5				부산	3072
6				대구	1716
7				광주	2591
8				대전	232
9				울산	140
10				세종	741
11				강원	592
12				충북	5796
13				충남	532
14				전북	1164
15				전남	529
16				경북	986
17				경남	1736
18				제주	1354
19	2017-02	총 계	총 계	전국	89480
20				서울	14509
21				인천	1680
22				경기	26269
23				부산	4690
24				대구	2903
25				광주	6066
26				대전	698
27				울산	605
28				세종	771
29				강원	3096
30				충북	8115
31				충남	3530
32				전북	2979
33				전남	1333
34				경북	5184
35				경남	4573
36				제주	2479
37	2017-03	총 계	총 계	전국	141100

(b) encoding옵션 사용 할 시

그림 2.6 한글이 이상하게 읽혀질 경우 encoding옵션 사용하기

1. data,xksx파일에서 consumed_calories시트의 데이터를 Stata로 import하고 Stata의 데이터파일, dta파일로 저장해보자.

2. data,xksx파일에서 sp500시트의 데이터를 Stata로 import하고 Stata의 데이터파일 dta 파일로 저장해보자.

3. census파일설계서.xlsx를 참조하여 census.txt파일을 Stata로 import하고 Stata의 데이터파일 dta파일로 저장해보자.

3

변수를 생성하고 대체하기

LEARNING OBJECTIVE

3장에선 변수를 생성하는 명령어인 generate와 변수의 값을 대체하는 명령어인 replace를 소개하고자 한다. 데이터를 만지기 위해선 기본적으로 변수를 만들고, 바꿀 수 있어야 하기 때문이다. 이를 통해 원하는 변수를 만들고 대체할 수 있을 것이다. 또한 특정 관측수를 지정하는 법을 활용하여, 우리가 원하는 줄을 대상으로 변수를 생성하고 대체할 것이다. 이때 사용되는 것이 [if]와 [in]인데 이들 표현은 거의 모든 명령어에 사용된다고 생각하면 된다. 아울러 숫자변수와 문자변수의 결측치 및 알아두면 유용한 시스템변수 중 하나인 _n을 소개하고자 한다.

CONTENTS

3.0 ▶ 관측수 설정하기

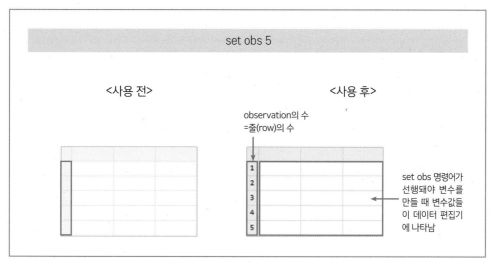

그림 3.1 set obs의 사용

obs는 observation(관측수)의 약자이다. 쉽게 말해 줄(row)을 의미한다. 데이터 편집기에 아무것도 없는 상태에서 변수를 생성하고자 할 때 관측수를 먼저 설정해야 한다. 그래야 변수를 생성할 때 해당 변수값들이 제대로 나올 수 있기 때문이다. 그래서 데이터 편집기에 아무것도 없는 상태에서 어떤 변수를 생성할 시 반드시 먼저 set obs 명령어를 사용해야 함을 주의하자.[1] set obs의 사용 차이는 [그림 3.1]을 보면 쉽게 알 수 있을 것이다.

---

1 단, input 명령어 사용 시 set obs 명령어를 먼저 사용하지 않아도 됨

3.1 ▶ 변수를 생성하고 대체하기

1 generate

표 3.1　경우에 따른 generate 명령어 문법

구분	문법	설명
①	g̲enerate 변수명=숫자값	특정 숫자값을 넣어 새로운 숫자변수를 생성하고자 할 때
②	g̲enerate 변수명="문자값"	특정 문자값을 넣어 새로운 문자변수를 생성하고자 할 때
③	g̲enerate 변수명=변수	기존의 변수를 사용하여 새로운 변수를 생성하고자 할 때
④	g̲enerate 변수명=함수	함수를 사용하여 새로운 변수를 생성하고자 할 때

주1:　generate 문법에 나오는 [exp]의 경우를 대략 4가지로 나눔
주2:　연산 기호인 +, -, *, /, ^ 모두 사용 가능하며 의미도 엑셀의 기호의 의미와 같음

　　generate는 새로운 변수를 생성하는 명령어로서 문법(syntax)은 [표 3.1]과 같이 대략 4가지 경우로 나뉠 수 있다.[2] 즉 gernate 변수명 = 를 한 다음 = 다음에 무엇을 넣을지 잘 결정하면 되는데 숫자값이 될 수 있고 문자값이 될 수 있으며 기존에 있는 변수가 될 수 있고 함수가 될 수 있다. 또한 = 뒤에 입력할 시 연산 기호인 +, −, *, /, ^ 모두 사용 가능하며 의미도 엑셀의 기호의 의미와 같다. [표 3.1]의 각 용례를 do파일을 실행함으로써, 각 그림들을 살펴보며 설명하고자 한다. 그림에 따라 예제 do파일에 나온 내용을 한 줄씩 따라해 보길 권장한다.

2　g까지 밑줄이 그어져 있으므로 g만 입력해도 되며, gen까지만 쳐도 generate란 명령어로 인식함

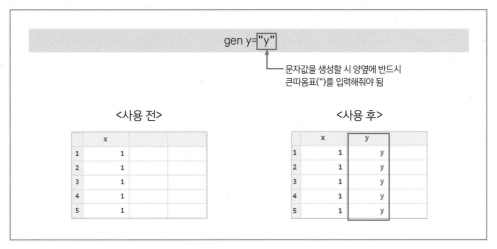

주: [표 3.1]의 ①의 사용 예시임

그림 3.2   generate 명령어 사용 예시(1)

[그림 3.2]는 [표 3.1]의 ①의 사용 예시를 나타내고 있다. x라는 변수가 생성되는데, 1번째부터 마지막 줄(여기선 5번째 줄)까지 모두 변수값은 1이 됨을 알 수 있다.

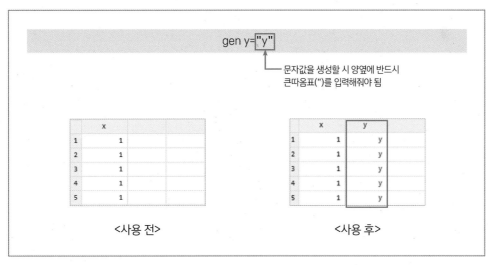

주: [표 3.1]의 ②의 사용 예시임

그림 3.3   generate 명령어 사용 예시(2)

[그림 3.3]은 [표 3.1]의 ②의 사용 예시를 나타내고 있다. 변수값이 숫자가 아닌 문자를 생성하고자 할 경우 반드시 양옆에 큰따옴표를 입력해줘야 한다. 이 명령어를 실행할 경우 y라는 변수가 생성되는데 1번째 줄부터 마지막 줄까지 변수값은 모두 y라는 문자가 된다.

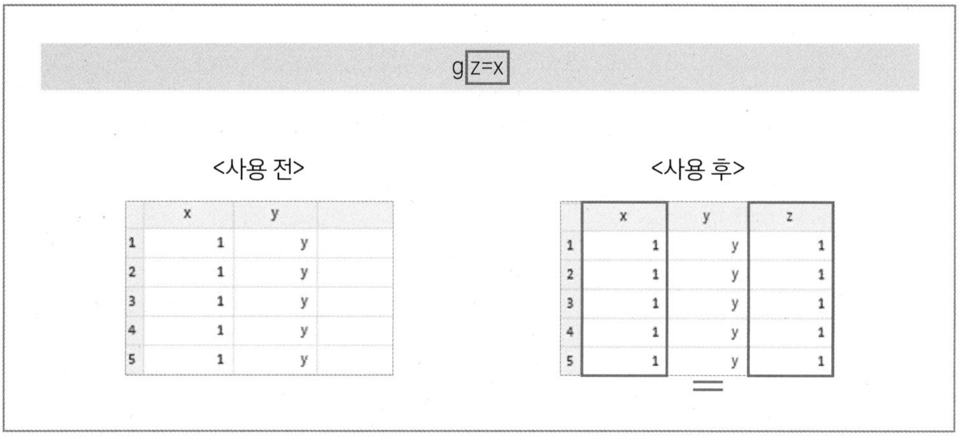

<사용 전>

	x	y
1	1	y
2	1	y
3	1	y
4	1	y
5	1	y

<사용 후>

	x	y	z
1	1	y	1
2	1	y	1
3	1	y	1
4	1	y	1
5	1	y	1

주: [표 3.1]의 ③의 사용 예시임

그림 3.4 generate 명령어 사용 예시(3)

[그림 3.4]는 [표 3.1]의 ③의 사용 예시를 나타내고 있다. 새로운 변수를 생성하는데 그 값(value)을 x변수의 값과 동일한 값을 가지고자 할 때 사용되는 경우이다. 만약 x 양옆에 큰따옴표를 넣었다면 어떻게 됐을까? z변수는 숫자변수가 아닌 문자변수이며 그 값은 모두 x라는 문자가 되었을 것이다. 하지만 위 명령문은 큰따옴표를 넣지 않음으로 z변수의 값은 x변수의 값과 같은 값을 가지게 되는 것이다.

문자값을 명시할 땐 양옆에 큰따옴표를...

[그림 3.3]의 "y"처럼 문자값을 명시할 땐 반드시 양옆에 큰따옴표를 사용해야 한다. [그림 3.3]과 [그림 3.4]를 통해 비교하면 알 수 있다. 큰따옴표가 없다면 컴퓨터 입장에선 변수를 사용하는지, 단순히 문자값을 사용하는지 구분할 수 없기 때문이다. 더 나아가 이는 단순히 generate나 replace 명령어 사용뿐만 아니라, 다른 부분에서도 문자값을 표시할 때, 양옆에 큰따옴표를 사용한다.

예를 들어 cd 명령어를 통해 워킹 디렉토리를 지정하고자 할 때도 양옆에 큰따옴표를 사용하는데 바로 이 때문이다. 물론 cd 명령어로 워킹 디렉토리를 지정할 시 큰따옴표를 굳이 사용하지 않아도 작동될 때가 있다. 그러나 폴더명 자체에 띄어쓰기가 있다든지, 파일명에 띄어쓰기가 포함되어 있을 경우, 이때는 반드시 양옆에 큰따옴표를 사용해줘야 한다. 문자값에도 띄어쓰기를 포함한 문자값이 존재하기에 이것이 하나의 문자값인지, 아니면 명령어인지, 변수인지, 파일명인지 등을 구분 짓기 위한 띄어쓰기인지 컴퓨터는 구분할 수 없기 때문이다.

이는 엑셀파일을 읽어들이기 위해 import excel을 사용할 때도 마찬가지이다. 시트명 양옆에 띄어쓰기를 하지 않아도 오류 없이 명령어가 작동된다. 그러나 시트명에 띄어쓰기가 포함되어 있을 경우 시트명 양옆에 반드시 띄어쓰기를 사용해야 한다. 사람은 문맥을 통해 시트명의 범위를 알 수 있지만, 컴퓨터는 이를 알 수 없기 때문이다.

정리를 한다면 큰따옴표를 취하는 것이 정석이지만, 굳이 없어도 컴퓨터가 잘못 알아들을 여지가 없다면, 오류 없이 사용자가 의도한 대로 작동한다. 그러나 앞선 예들처럼 컴퓨터에게 명확한 구분을 해줘야 할 경우 큰따옴표를 반드시 사용해야 한다.

```
g a=ln(7)
```

<사용 전>

	x	y	z
1	1	y	1
2	1	y	1
3	1	y	1
4	1	y	1
5	1	y	1

<사용 후>

	x	y	z	a
1	1	y	1	1.9459101
2	1	y	1	1.9459101
3	1	y	1	1.9459101
4	1	y	1	1.9459101
5	1	y	1	1.9459101

주: [표 3.1]의 ④의 사용 예시임

그림 3.5 generate 명령어 사용 예시(4)

[그림 3.5]는 [표 3.1]의 ④의 사용 예시를 나타내고 있다. 함수 중에 자연로그함수인 ln()을 사용하였다. 이 경우 a란 변수가 새로이 생성되는데 a의 값은 1번째 줄에서 마지막 줄까지 모두 ln7≒1.9459101이 된다.

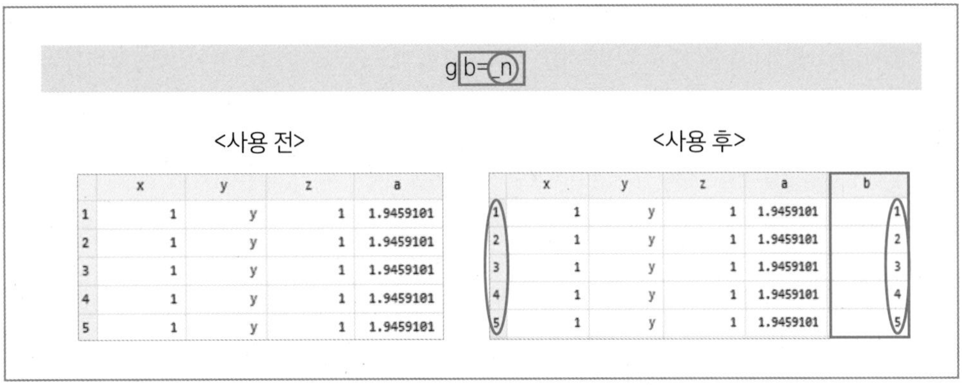

	x	y	z	a
1	1	y	1	1.9459101
2	1	y	1	1.9459101
3	1	y	1	1.9459101
4	1	y	1	1.9459101
5	1	y	1	1.9459101

	x	y	z	a	b
1	1	y	1	1.9459101	1
2	1	y	1	1.9459101	2
3	1	y	1	1.9459101	3
4	1	y	1	1.9459101	4
5	1	y	1	1.9459101	5

주: [표 3.1]의 ③의 특수한 사용 예시임

그림 3.6 generate 명령어 사용 예시(5)

[그림 3.6]은 [표 3.1]의 ③의 사용 예시를 나타내고 있다. _n은 보통 1부터 1씩 증가하는 자연수를 생성하고자 할 때 사용한다. b값이 생성되는데 1번째 줄의 b값은 1, 2번째 줄의 b값은 2, ... n번째 줄의 b값은 자연수 n이 생성된다. 또한 _n은 Stata에 저장된 시스템 변수이기 때문에 실제로 변수명을 정하거나 바꿀 시 _n으로 할 수 없다. _n을 알아두면 여러모로 편하다. _n은 3.2 특정 관측수를 지정하기에서, 7장에서도 등장할 것이다.

시스템 변수(system variable) _n: current observation

명령문창에 help _n을 치면 _n에 대해 설명이 나오는데, 한마디로 current observation로 표현되어 있다. 즉 _n를 통해 자연수가 만들어지는 이유는 각 줄의 해당 순서, 해당 줄 숫자가 번호로 나오게 되고 이를 통해 자연수가 만들어지는 것이다. 단순히 _n을 자연수를 만들 때 사용하는 것이라고 이해의 폭을 제한해버리면 _n의 활용에 제한이 있을 수밖에 없다. 이는 _n은 3.2 특정 관측수를 지정하기를 통해 알 수 있을 것이다.

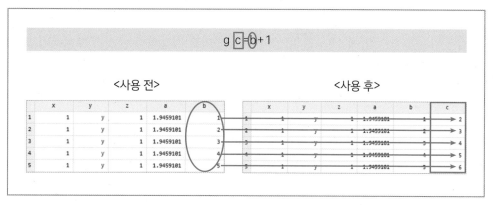

주: generate 명령어의 연산 사용 예시임

그림 3.7 generate 명령어 사용 예시(6)

[그림 3.7]은 generate 명령어의 연산 사용을 나타내고 있다. 연산기호의 의미는 엑셀의 연산기호의 의미와 똑같다. +는 더하기, −는 빼기, 곱하기는 *, 나누기는 /, n승은 ^n을 사용하면 된다. [그림 3.7]에선 기존의 b값에 1을 더한 것이므로 c변수의 값들은 첫째 줄부터 2, 3, 4, 5, 6이 생성될 것이다.

gen d=ln(c)

<사용 전>				<사용 후>				
a	b	c		a	b	c	d	
1.9459101	1	2		1.9459101	1	2	.69314718	=ln(2)
1.9459101	2	3		1.9459101	2	3	1.0986123	=ln(3)
1.9459101	3	4		1.9459101	3	4	1.3862944	=ln(4)
1.9459101	4	5		1.9459101	4	5	1.6094379	=ln(5)
1.9459101	5	6		1.9459101	5	6	1.7917595	=ln(6)

주: [표 3.1]의 ④의 사용 예시임

그림 3.8 generate 명령어 사용 예시(7)

[그림 3.8]은 [표 3.1]의 ④의 다른 사용 예시를 나타내고 있다. 이를 소개한 의도는 [그림 3.8]처럼 함수 안에 어떤 값 대신 변수를 넣어도 가능하다는 것을 보여주기 위해서이다. 앞서 함수의 대표적인 예로 자연로그함수 ln()을 보여줬었는데 그때는 ()안에 숫자값인 7을 넣었다. 하지만 여기엔 무엇을 넣었는가? c를 넣었다. 즉 c라는 변수를 넣은 것이다. 즉 ()안에 단순히 숫자값이 아니라 숫자변수를 넣어도 실행이 가능함을 보여주기 위한 의도이다. 물론 ln()함수에서 () 안에는 숫자값 또는 숫자변수만 가능하므로 당연히 문자값, 문자변수는 넣을 수 없을 것이다. 그렇다면 d라는 변수가 생성될 텐데, 각 변수값은 무엇으로 결정될까? c의 각 줄의 값에 따라 d값이 달라질 것임이 자명하다. 즉 1번째 줄의 d값은 c의 첫 줄의 값이 2이기 때문에 ln(2)가 될 것이며, d변수의 2번째 줄의 값은 c의 2번째 줄의 값이 3이기 때문에 ln(3)이 될 것이다.

2 replace

replace 명령어는 기존의 변수의 값을 다른 값으로 대체하는 명령어이다. replace의 문법(syntax)은 [표 3.2]와 같다.

표 3.2 경우에 따른 replace 명령어 문법

구분	문법	설명
①	replace *변수명=숫자값*	특정 숫자값을 넣어 기존의 숫자변수를 대체하고자 할 때
②	replace *변수명="문자값"*	특정 문자값을 넣어 기존의 문자변수를 대체하고자 할 때
③	replace *변수명=변수*	기존의 변수를 사용하여 기존의 변수를 대체하고자 할 때
④	replace *변수명=함수*	함수를 사용하여 기존의 변수를 대체하고자 할 때

주1: replace 문법에 나오는 [exp]의 경우를 대략 4가지로 나눔
주2: 연산 기호인 +, -, *, /, ^ 모두 사용 가능하며 의미도 엑셀 기호의 의미와 같음

[표 3.2]의 replace 명령어의 syntax를 보면 알겠지만 generate 명령어와 syntax가 유사하며 그 사용 용례가 비슷하며 =뒤에 작용되는 메커니즘은 똑같다. 다만 차이점은 replace, 즉 기존에 있는 변수의 값을 "대체"하는 것이다. 그렇기 때문에 replace 다음에 데이터 편집기에 없는 변수명을 입력하면 당연히 작동이 안된다. 대체를 한다는 전제는 기존에 있던 것이 존재해야 함을 의미하는데, 없는 것을 토대로 대체한다는 것은 모순되기 때문이다.

replace와 연관된 do파일 용례의 사용 전후를 다 보여주지는 않을 것이다. generate와 메커니즘이 똑같기 때문이다. 위의 generate 사용 용례를 이해하였다면, replace 용례도 이해될 것이라 생각되기 때문이다. 그러나 replace c=c+1 부분은 꼭 짚고 넘어가고자 한다. 예제 do파일 내용 맨 처음부터 replace b=ln(x) 부분까지 실행한 다음, replace c=c+1를 실행함으로써 replace c=c+1의 메커니즘을 설명하고자 한다.

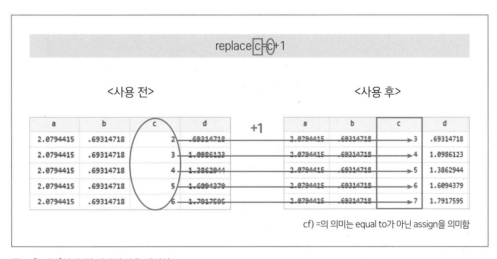

주: [표 3.2]의 ③ 및 연산의 사용 예시임

그림 3.9 replace 명령어 사용 예시

[그림 3.9]는 [표 3.2]의 ③ 및 연산의 사용 예시를 나타내고 있다. c=c+1 부분이 이상하다. 수식 자체가 이상하기 때문이다. 그러나 전혀 이상이 없다. replace c=c+1을 실행하면 정상적으로 작동되며 그 결과는 기존의 c변수의 각 줄에 1을 더한 값이 되기 때문이다. 수식이 이상한데 왜 이렇게 성립이 되는 것일까? 그 이유는 =이 사실 수학의 =이 아니기 때문이다. =은 사실 똑같다. "동등하다(equal to)"의 뜻이 아니라 assign, "집어넣다"란 뜻을 의미한다. 즉 =을 기준으로 오른쪽의 c변수는 기존의 c변수를 의미하며 =를 기준으로 왼쪽의 c변수는 새로이 대체되어 바뀔 c변수를 의미하는 것이다. replace c=c+1을 말로 풀어서 설명하면 다음과 같다.

---

replace c=c+1

⇒ c를 대체(replace c)하는데 집어넣을(=) 그 대상은 기존의 c변수에 1값을 더한 것(c+1)으로 삼아라

그렇다면 여기서 의문점이 들 수 있다. 그렇다면 수학에서 의미하는 =는 무엇이란 말인가? 그것은 바로 ==으로써 =을 두 번 사용한 것이다. 이는 3.2 특정 관측수를 지정하기에서 사용될 것이다. generate 명령어와 replace 명령어를 사용하다 보면 이런 생각이 들 수 있다. "모든 줄(row)을 대상으로 변수를 생성하는 것이 아니라 특정 관수를 대상으로 변수를 만들거나, 대체할 수 있을까?" 이때 [if]와 [in]을 generate와 replace 명령어와 함께 사용하면 된다.

3.2 특정 관측수를 지정하기

generate 명령어와 replace 명령어를 사용하다 보면 이런 생각이 들 수 있다. "모든 줄(row)을 대상으로 변수를 생성하는 것이 아니라 특정 관측수를 대상으로 변수를 만들거나, 대체할 수 있을까?" 이때 [if]와 [in]을 generate와 replace 명령어와 함께 사용하면 된다. [if]는 조건을 충족시키는 줄들을 대상으로 작업할 수 있도록 도와준다. 반면 [in]은 n번째 줄을 지정한다든지, 줄의 범위를 지정하여 작업할 수 있도록 도와준다. 즉 특정 관측수를 지정하도록 도와주기 때문에 비단 generate, replace 명령어뿐만 아니라 거의 모든 명령어에 활용이 가능하다.

[if]와 [in] 표현을 보면 각각 양 끝에 대괄호를 취했는데, 이는 Stata의 help 창에 나오는 표현에서 그대로 갖고 왔다. help를 통해 명령어의 문법을 검색할 때 [if]와 [in]의 위치가 나오는데, 그 위치에 맞게 사용하면 된다. [if]와 [in]은 명령어의 문법 뒤에, 옵션의 시작을 알려주는 콤마 앞에 사용하도록 되어 있는데, [if]와 [in]을 명령어와 같이 잘 사용하는 팁은 영어 문장을 만들듯이 [if]와 [in]을 사용하면 된다. [if]와 [in]이 어떻게 사용되는지 사용 용례를 살펴보도록 한다.

- [if] : 조건을 충족시키는 줄들을 대상으로 작업할 수 있도록 도와줌
- [in] : n번째 줄을 지정한다든지, 줄의 범위를 지정하여 작업할 수 있도록 도와줌
- generate, replace 명령어뿐만 아니라 거의 모든 명령어에 활용이 가능함
- [if]와 [in]을 명령어와 같이 잘 사용하는 팁은 영어 문장을 만들듯이 [if]와 [in]을 사용하면 됨

1 [if] 사용

[if]를 사용하려면 먼저 몇 가지 표현을 알아야 된다. 등호와 부등호 대소관계를 나타내는 부호, 그리고 and를 의미하는 &와 or을 의미하는 | 등 말이다. 이들 기호를 알려면 명령문창에 help operator라고 치면 된다. 또는 help if를 친 다음 푸른색의 operators 글자를 누르면 [그림 3.10]처럼 나온다.

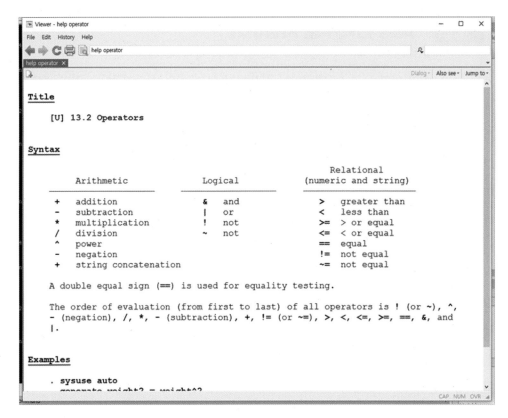

주1: 명령문창에 help operator를 치거나 help if를 치고 나서 푸른색의 operator 버튼을 선택하면 나옴

주2: 또는(or)을 의미하는 |은 키보드에서 shift+\를 입력하면 나옴

주3: 필자는 not을 의미하는 기호로 !를, not equal을 의미하는 기호로 !=를 사용하지만 !대신 ~로, !=대신 ~=로 사용해도 무 방함

그림 3.10   [if] 사용과 관련된 operator

or을 의미하는 |는 키보드에서] 옆에 \를 shift를 누른 상태에서 누르면 나온다. 주 의할 점은 equal을 등호를 사용할 땐 반드시 ==를 사용해야 함에 유의해야 한다. 이는 앞서 언급했듯이, 수학의 equal기호는 Stata에선 ==를 의미하며 컴퓨터에서의 =는 어 떤 값이나 변수 등을 집어넣다, 혹은 assign을 의미하기 때문이다. 그리고 필자는 not 을 의미하는 기호로 !를, not equal을 의미하는 기호로 !=를 사용하지만 !대신 ~로, != 대신 ~=로 사용해도 무방하다.

if가 명령어 뒤에 어떻게 사용되며 operator에 소개된 기호들은 어떻게 사용할 수 있을까? 예제 do파일[3]에서 replace 부분까지 실행하고 나면 예제.dta파일로 저장하는 부분이 있을 것이다. do파일 맨 처음부터 실행하고 나서 예제.dta파일로 저장하는 부분까지 실행한 후, 예제.dta파일을 엶으로써 시작하면 될 것이다.

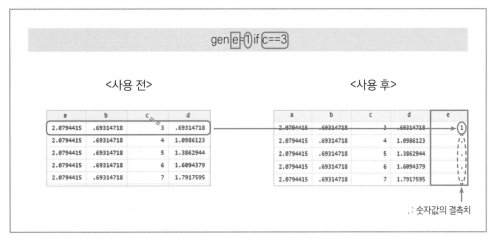

그림 3.11 [if] 명령어 사용 예시(1)

[그림 3.11]에 사용된 명령문을 말로 풀어서 설명하면, "만약(if) c의 값이 3이라면 (c==3) 그 row를 대상으로 변수값이 1인 변수 e를 생성하라"가 된다. if c==3 때문에 c의 값이 3인 첫줄에만 e의 변수값은 1이고 나머지는 결측치가 생성된 것이다. 결측치 (missing value) 혹은 이 공란은 숫자변수에선 .으로 표시되며 아무런 값도 없다는 뜻이 된다. 집합으로 치면 원소 0이 있는 집합이 아닌 원소가 아무것도 없는 공집합과 같은 역할이라 생각하면 된다. 참고로 결측치가 .이기 때문에 변수값이 공란인 변수(단 숫자변수)를 생성하고 싶으면 gen 변수명=.을 하면 된다. 문자값의 공란, 결측치는 큰 따옴표를 두 번 입력한 ""가 된다.

---

3 3장의 예제데이터는 자체적으로 생성하도록 되어 있음

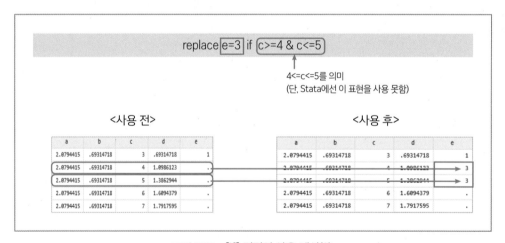

> **☑ <숫자값과 문자값에 따른 결측치(missing value)>**
>
> - 숫자값의 결측치: .
>   ex) generate numeric_mv=.
> - 문자값의 결측치: " "
>   ex) generate string_mv=" "
> - 문자값의 결측치는 양 큰따옴표 안에 아무것도 입력이 안되어 있는 것이라 생각하면 이해하기 쉬움
> - 숫자값의 결측치는 다른 어떤 숫자보다 가장 큰 값으로 인식하며, 문자값의 결측치는 가장 작은 값으로 인식함

그림 3.12   [if] 명령어 사용 예시(2)

[그림 3.12]에 사용된 명령문을 말로 풀어서 설명하면, "만약(if) c의 값이 4보다 크거나 같(c>=4)고(&) c의 값이 5보다 작거나 같다면(c<=5) 그 row를 대상으로 변수 e의 값을 3으로 대체하라"가 된다. 간단하게 쓰면 4<=c<=5란 표현이 되겠다. 그러나 Stata에서 이렇게 쓰면 우리가 원하는 의도대로 명령문이 시행되지 않음에 주의해야 한다. 그렇기 때문에 반드시 &를 사용하여 if 뒤에 c>=4 & c<=5로 써줘야 한다. 예제데이터의 경우 조건을 만족하는 줄은 2, 3번째 줄이다. 그렇기 때문에 e의 모든 변수가 3으로

바뀌는 것이 아니라 조건을 만족하는 2, 3번째 줄만 바뀌는 것이다.

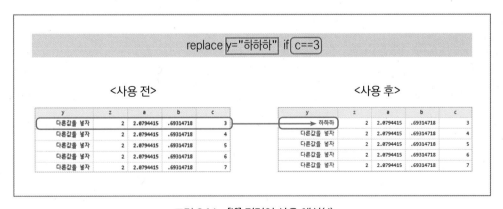

replace d=7 **if** e==.

<사용 전>						<사용 후>				
a	b	c	d	e		a	b	c	d	e
2.0794415	.69314718	3	.69314718	1		2.0794415	.69314718	3	.69314718	1
2.0794415	.69314718	4	1.0986123	3		2.0794415	.69314718	4	1.0986123	3
2.0794415	.69314718	5	1.3862944	3		2.0794415	.69314718	5	1.3862944	3
2.0794415	.69314718	6	1.6094379	.		2.0794415	.69314718	6	7	.
2.0794415	.69314718	7	1.7917595	.		2.0794415	.69314718	7	7	.

그림 3.13   [if] 명령어 사용 예시(3)

[그림 3.13]에 사용된 명령문을 말로 풀어서 설명하면, "만약(if) e의 값이 공란(=결측치=missing value)이라면 그 row를 대상으로 변수 d의 값을 7로 대체하라"가 된다. Stata가 각 줄을 살펴보면서 e의 값이 missing value인 줄을 찾을 것이다. 찾아보니 그 줄은 4번째 줄과 5번째 줄이다. 조건을 만족하는 줄은 4, 5번째 줄이기 때문에 4, 5번째 줄만 d의 값이 7로 바뀌고 나머지 줄은 바뀌지 않게 되는 것이다. 그리고 e==뒤에 무엇이 있는가? 점(.)이 있다. 이를 보여준 의도가 숫자변수의 공란을 조건으로 넣고

replace y="하하하" **if** c==3

<사용 전>						<사용 후>				
y	z	a	b	c		y	z	a	b	c
다른값을 넣자	2	2.0794415	.69314718	3		하하하	2	2.0794415	.69314718	3
다른값을 넣자	2	2.0794415	.69314718	4		다른값을 넣자	2	2.0794415	.69314718	4
다른값을 넣자	2	2.0794415	.69314718	5		다른값을 넣자	2	2.0794415	.69314718	5
다른값을 넣자	2	2.0794415	.69314718	6		다른값을 넣자	2	2.0794415	.69314718	6
다른값을 넣자	2	2.0794415	.69314718	7		다른값을 넣자	2	2.0794415	.69314718	7

그림 3.14   [if] 명령어 사용 예시(4)

싶을 경우 어떻게 하는지 보여주기 위하여 이 부분을 소개하였다.

[그림 3.14]에 사용된 명령문을 말로 풀어서 설명하면, "만약(if) c의 값이 3이라면 그 row를 대상으로 변수 y의 값을 하하하로 대체하라"가 된다. 이번엔 숫자변수가 아닌 문자변수의 값을 다른 값으로 대체하는 케이스이다. c==3인 줄은 1줄만 해당이 된다. 그렇기 때문에 y의 값이 모두다 "하하하"로 바뀌는 것이 아니라 첫 줄만 바뀌고 나머지는 바뀌지 않는다. 그리고 y는 문자변수(string variable)이기 때문에 당연히 하하하 양옆에 큰따옴표를 넣어줘야 된다. 그리고 문자변수이기 때문에 replace y=1로 바뀌지도 않는다. 이 부분이 이해됐다면 예제 do파일의 그다음 줄인 replace y="하" if c==4도 이해될 것이라 생각되므로 이 부분은 따로 설명하지 않겠다.

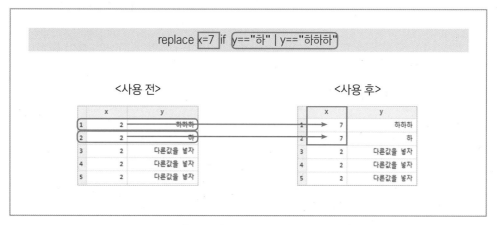

그림 3.15   [if] 명령어 사용 예시(5)

[그림 3.15]에 사용된 명령문을 말로 풀어서 설명하면, "만약(if) y의 값이 하(y=="하")이거나(|) y의 값이 하하하라면(y=="하하하") 그 줄을 대상으로 변수 x의 값을 7로 대체하라"가 된다. [그림 3.15]의 사용 전 부분은 예제데이터를 열고나서 [replace y="하" if c==4까지 한 부분이다. [replace y="하" if c==4]는 설명을 하지 않았지만 실행해야 함에 유의해야 한다. if에 사용되는 표현으로 logical과 관련된 or을 의미하는 |가 사용되었다. 주의해야 할 것이 y=="하" & y=="하하하"로 하면 안된다는 것이다.

상식적으로 생각해봐도 "하"라는 문자가 동시에 "하하하"가 될 수 없기 때문이다. 숫자로 치자면 if x==2 & x==7로 표현한 꼴이다. 한 value가 "하"이면서 "하하하"일 수 없다. 그리고 숫자가 2이면서 7일 수 없다. 그렇기 때문에 |를 사용해야 하고 이에 주의해야 한다.

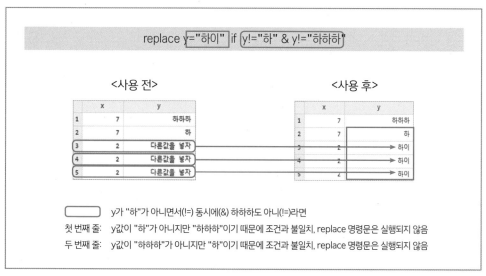

그림 3.16 [if] 명령어 사용 예시(6)

[그림 3.16]에 사용된 명령문을 말로 풀어서 설명하면, "만약(if) y의 값이 하가 아니면서(y!="하") 동시에(&) y의 값이 하하하가 아니라면(y!="하하하") 그 row를 대상으로 변수 y의 값을 하이로 대체하라"가 된다. 말로 풀어서 설명하니까 머리가 좀 지끈거릴 거다. 쉽게 말하면 조건의 case가 바로 [그림 3.15]와 상반된 case로 y가 하가 아니고 하하하 둘 다 아닌 경우를 말로 표현한 것이다. 이것을 올린 의도는 [if y=="하" | y=="하하하"]와 정반대되는 조건을 표현할 때 흔히 하는 실수로 & 대신 |를 써버리기 쉽기 때문이다. [if y!="하" | y!="하하하"]로 말이다. 하지만 |가 아닌 &로 써줘야 한다. 왜 그럴까? 쉽게 이렇게 생각하면 된다. [if y=="하" | y=="하하하"]와 정반대되는 case를 사용하려 한다면 not을 붙여야 한다. 그래서 ==의 반대는 !=로 대체하고 or의

반대는 and이므로 | → &로 바꾸어준다고 생각하면 된다. 마치 A∪B의 반대되는 집합 이 AC∩BC인 것처럼 말이다[(A∪B)C=A^c∩B^c].

다르게 생각하면 이렇게 생각할 수 있다. 1번째 줄의 y값은 하가 아니다. 그러나 하하하이기 때문에 조건에 부합하지 않는다. 즉 하가 아니지만, 하하하 역시 아니어야 하기 때문에 y값의 첫 번째 줄은 조건에 부합하지 않는다. 그렇기 때문에 y값이 하이로 대체되지 않는 것이다. 두 번째 줄의 하도 마찬가지다. 2번째 줄의 y값은 하하하가 아니지만 하이기 때문에 조건에 부합되지 않아 y의 값이 하이로 바뀌지 않는 것이다. y변수의 2번째 줄 값의 경우 분명 하하하가 아니지만 하이기 때문에 조건에 부합하지 않는 것이다. [if y=="하" | y=="하하하"]와 정반대되는 case를 이해할 땐 후자처럼 이해하면 될 것이며 실제로 do파일을 짜면서 사용하고자 할 경우 전자처럼 정반대로 == → != , & → |로 바꾸어주면 될 것이다.

2 [in] 사용

[if] 말고 [in]을 사용할 수 있다. 조건이 아니라 단순히 몇 번째 줄을 바꾸고자 할 경우가 있을 것이다. 이때 [in]을 사용하면 된다. [in] 뒤엔 숫자와 이에 관련된 표현을 사용해야 되며 종류를 소개하면 다음과 같다.

> *명령문 in 숫자*
> *명령문 in 숫자1/숫자2*
> *명령문 in 숫자/L*

첫 번째 사례는 특정 숫자의 줄을 바꾸고자 할 때 사용된다. 두 번째 사례는 숫자1~숫자2까지의 줄을 바꾸고자 할 때 사용된다. 그리고 세 번째 사례는 특정 숫자~마지막 줄까지 바꾸고자 할 때 사용된다. L이 last 약자로 마지막 줄을 의미하며 대문자 엘 대신 소문자 엘을 사용해도 된다. 그리고 숫자에 음의 정수도 사용 가능하다. Stata에서 음수가 사용될 때 역방향(reverse direction)을 의미하는데 -1을 사용하면 뒤에서 첫 번째 줄 즉 맨 마지막 줄을 의미하고, -2는 뒤에서 두 번째 줄을 의미하게 된다.

gen f=1 in 1

	x	y	z	a	b	c	d	e	f
1	7	하하하	2	2.0794415	.69314718	3	.69314718	1	1
2	7	하	2	2.0794415	.69314718	4	1.0986123	3	.
3	2	하이	2	2.0794415	.69314718	5	1.3862944	3	.
4	2	하이	2	2.0794415	.69314718	6	7	.	.
5	2	하이	2	2.0794415	.69314718	7	7	.	.

그림 3.17 [in] 명령어 사용 예시(1)

[그림 3.17]은 in 사용의 첫 번째 용례이다. 변수 f가 생성되는데 첫 번째 줄만 1이 되며 나머지 줄은 missing되면서 생성된다. in 뒤의 1이 바로 첫 번째 줄을 의미하게 된다.

replace a=. in 3/4

<사용 전>

	x	y	z	a
1	7	하하하	2	2.0794415
2	7	하	2	2.0794415
3	2	하이	2	2.0794415
4	2	하이	2	2.0794415
5	2	하이	2	2.0794415

<사용 후>

	x	y	z	a
1	7	하하하	2	2.0794415
2	7	하	2	2.0794415
3	2	하이	2	.
4	2	하이	2	.
5	2	하이	2	2.0794415

그림 3.18 [in] 명령어 사용 예시(2)

[그림 3.18]은 in 사용의 두 번째 용례이다. 3/4가 3번째 줄에서 4번째 줄을 의미하며 3, 4번째 줄만 a의 값이 결측치가 되며 나머지 줄의 a값은 바뀌지 않게 된다. 만약 3/5였다면 3~5번째 줄, 즉 3, 4, 5번째 줄의 a값이 달라졌을 것이다.

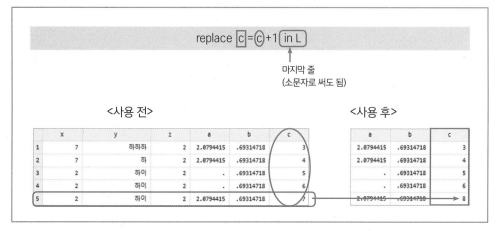

그림 3.19   [in] 명령어 사용 예시(3)

[그림 3.19]는 첫 번째 용례이지만, 마지막 줄을 의미하는 대문자 알파벳 L을 사용한 case이다. 그리고 c값이 대체되는데 기존 c값에 1을 더한 값으로 바뀐다. 다만 in L 때문에 마지막 줄만 바뀌고 나머지 부분은 바뀌지 않는다.

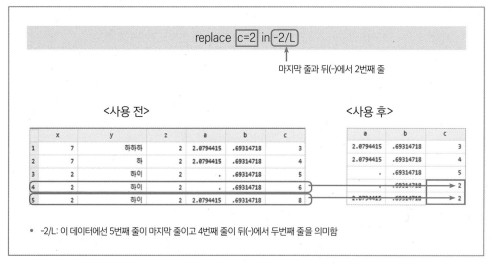

그림 3.20   [in] 명령어 사용 예시(4)

[그림 3.20]은 세 번째 용례인데 음의 정수가 사용된 사례이다. −2는 뒤에서 두 번째 줄을 의미한다. 즉 음수는 역방향을 의미한다. 우리의 예제데이터는 총 5줄=5 observations까지 있기 때문에 예제에서 뒤에서 2번째 줄은 4번째 줄이 된다. 그렇기 때문에 4, 5번째 줄의 c값만 2로 바뀌고 나머지 줄의 c값은 바뀌지 않는다.

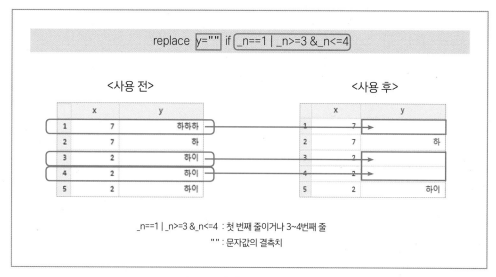

그림 3.21 [in] 명령어 사용 예시(5)

Stata를 사용하다 보면 이런 생각이 들 수 있다. "단순히 특정 줄이나 범위가 아니라 예컨대 1번째와 3~4번째 줄을 대상으로 명령어를 시행하고자 할 경우 어떻게 해야 될까?"라고 말이다. [명령문 in 1 3/4]로 하면 될 것 같은데, 그렇게 되지 않는다. 이때는 [if]를 사용해야 한다. 다만 if 뒤에 _n을 사용해야 한다.

앞에서 [그림 3.21]과 관련된 네모박스에서 _n을 단순히 자연수를 만들 때 사용하는 것으로 이해하면 안된다고 말한 적이 있다. 그 이유가 바로 여기에 있다. _n은 시스템 변수로 current observation, 즉 각 줄의 해당 순서, 해당 줄 숫자를 의미한다. 그래서 if _n==1 | _n>=3 & _n<=4을 말로 풀어서 설명하면 "만약 줄의 숫자가 1이거나 3보다 크거나 같고 줄의 숫자가 4보다 작거나 같다면(=1번째 줄 또는 3~4번째 줄이라면)"이

되는 것이다. 그래서 이 명령문의 경우 1번째 줄과 3~4번째 줄을 대상으로 y의 값이 공란 ""으로 바뀌게 된다.

앞서 언급했듯이 문자값의 결측치는 ""로써 단순히 큰따옴표 두 번을 입력하면 된다. 생각해보면 당연하다. 문자값을 입력하려면 양옆에 "를 입력해야 되는데, 공란이란 말은 비어있다 아무것도 없다란 뜻이다. 그렇다면 이 두 가지를 연결 지어 추론해보면 문자값의 공란은 당연히 큰따옴표 사이에 아무것도 입력하지 말아야 될 것이며, 그렇기 때문에 문자값의 공란은 단순히 큰따옴표 두 개를 입력만 하면 되는 것이다.

1. set obs와 generate 명령어를 사용하여 아래의 데이터를 생성하라(단, a, b, c변수 순서대로 만들어야 하며, a변수는 _n과 사칙연산을 같이 사용해야 함. c변수의 경우 a변수를 이용하는데, 적절한 mathematical function을 사용하기 위해 명령문창에 help function을 친 다음 푸른색의 mathematical functions를 클릭하여 검색해야 함).

	a	b	c
1	.5	a	1
2	1	a	1
3	1.5	a	2
4	2	a	2
5	2.5	a	3
6	3	a	3
7	3.5	a	4
8	4	a	4
9	4.5	a	5
10	5	a	5

2. b변수의 값을 대체하는데 (2.5≤a≤4.5)이면 "b"로 바꾼 다음, 마지막 줄의 b변수의 값을 "c"로 대체하고 나서, 두 번째 줄과 7번째 줄의 b변수 값을 "d"로 대체하라(단, 두 번째 작업인 마지막 줄의 b변수의 값을 "c"로 대체하고자 할 경우 특정숫자를 사용하지 말 것).

3. 변수 b의 값이 "c"도 아니고 "d"도 아닌 경우를 대상으로 변수 c의 값을 7로 바꾸고자 한다. 아래의 그림에 표시된 !(또는 ~)과 괄호 "("와 ")"를 사용하여 바꾸어보라.

> HINT   집합으로 표현하면 if 뒤에 $A^C \cap B^C$ 방식에서 $(A \cup B)^C$ 방식으로 표현하고자 하는 것임

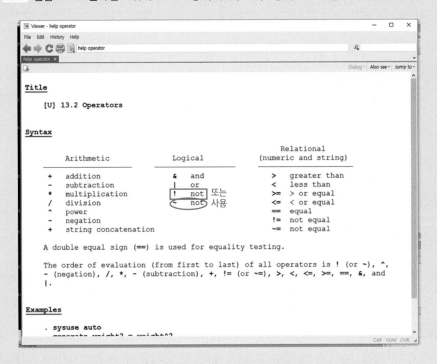

4. 1~3번 문제까지 해결했다면 generate abc=a if upper(b)=="A"를 실행하여 결과를 확인해보고 이것이 어떻게 실행되는지 생각해보라.

4

변수 또는 줄을
남기거나 없애거나

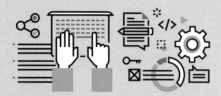

LEARNING OBJECTIVE

3장을 통해 새로운 변수를 생성하거나 대체하는 명령어(generate와 replace)를 알아보았으며 [if]와 [in]을 알아보았고 이를 generate와 replace 명령어와 연결 지어 어떻게 활용되는지 알아보았다. 이번엔 기존의 변수만 남기거나(keep) 없애는(drop) 명령어를 소개하고자 한다. 또한 이 keep과 drop 명령어와 [if]와 [in]을 연결 지어 사용하여 특정 줄을 남기거나 없애는 방법을 소개하고자 한다. 아울러 _N과 와일드카드 *를 소개하고자 한다.

CONTENTS

4.1 변수를 남기거나 없애기

keep과 drop의 명령어 syntax는 정말 쉬우며 아래와 같다.

---

keep 변수리스트(varlist)
drop 변수리스트(varlist)

변수리스트(varlist) 말 그대로 여러 변수의 이름을 나열한 것으로 변수명 사이에는 띄어쓰기를 하여 Stata로 하여금 변수가 무엇인지 구분 짓게 해야 한다. 괜히 변수명이 아니라, 변수리스트로 표시한 것이 아니다. 변수 하나만 입력해야 할 때 변수명(varname)으로 표기되며 이를 구분하기 때문이다. 따라서 문법설명에 변수리스트(varlist)를 확인할 시, 변수 하나 이상을 입력할 수 있음을 알아야 한다. 더 나아가 여러 변수들을 편리하게 지정할 수 있는 와일드카드 *를 사용할 수 있음도 알아야 한다. 이는 3. _N과 와일드카드 *에서 와일드카드 *를 설명하고자 한다.

1 keep

```
use 예제.dta,clear
keep a

use 예제.dta,clear
keep a b
```

keep a	
	a
1	581
2	-11
3	997
4	288
5	729
6	123
7	812
8	-63
9	585
(a) 변수 한 개만 남길 때	

keep a b		
	a	**b**
1	581	446
2	-11	-14
3	997	360
4	288	866
5	729	392
6	123	794
7	812	92
8	-63	170
9	585	765
(b) 변수 한 개 이상 남길 때		

그림 4.1   특정 변수 남기기

keep a를 하면 [그림 4.1]의 (a)처럼 변수 a"만" 남게 되고 나머지 모든 변수들은 지워진다. 마찬가지로 keep a b를 하면 [그림 4.1]의 (b)처럼 변수 a와 변수 b만 남게 되고 나머지 모든 변수들은 지워진다. 그런데 왜 use 예제.dta,clear가 있는가? 즉 예제파일을 중간에 굳이 다시 여는 과정을 넣은 이유가 무엇인가?라고 궁금해 할 수 있다. 생각해보자. keep a를 했으면 a변수만 남게 되고 나머지 모든 변수는 지워졌다. 즉 b변수는 없다는 뜻이 된다. 그래서 이 상태에서 바로 keep a b를 실행하게 되면 Stata는 b변수가 없기 때문에 명령어를 시행할 수 없다고 에러를 낸다. 그래서 중간에 예제데이터를 다시 여는 과정이 들어가게 된 것이다.

2 drop

```
use 예제.dta,clear
drop a

use 예제.dta,clear
drop a b
```

drop a

	id_code	year	b	c
1	001	1998	446	101
2	001	1999	-14	254
3	001	2000	360	203
4	001	2001	866	624
5	001	2002	392	-17
6	001	2003	794	329
7	001	2004	92	-34
8	001	2005	170	374
9	001	2006	765	758
10	001	2007	167	494

(a) 변수 한 개만 없앨 때

drop a b

	id_code	year	c	d
1	001	1998	101	967
2	001	1999	254	992
3	001	2000	203	250
4	001	2001	624	0
5	001	2002	-17	628
6	001	2003	329	571
7	001	2004	-34	595
8	001	2005	374	528
9	001	2006	758	376
10	001	2007	494	86

(b) 변수 한 개 이상 없앨 때

그림 4.2   특정 변수 없애기

다시 예제데이터를 열고 이번엔 drop 명령어를 시행한다. drop은 keep과 반대로 해당변수"만" 없애고 나머지 모든 변수들은 남기는 명령어이다. drop a를 하면 [그림 4.2]의 (a)처럼 a변수만 지워지게 되어 나머지 모든 변수는 남게 되고, 다시 예제데이터를 열고나서 drop a b를 하면 [그림 4.2]의 (b)처럼 a b변수만 지워지고 나머지 모든 변수들은 남게 된다.

keep 명령어와 drop 명령어를 사용하다 보면 느끼겠지만 서로 반대되는 명령어임을 알 수 있다. 왜냐하면 keep은 해당 변수"만" 남기는 반면(그리고 나머지 변수들은 다 지우고) drop변수는 해당 변수"만" 없애기 때문이다(이와 동시에 나머지 변수들은 다 살린다). 가령 keep a를 하나 drop id_code year b c d e f g h i j를 하나 결과는 똑같다는 것이다. 다만 do파일을 짤 때 효율성의 차이가 있겠지만 말이다. 이러한 특성은 변수가 아닌 특정 줄(row)을 남기거나 없앨 때도 그 경향이 똑같이 드러난다. 그렇다면 특정 줄을 남기거나 없앨 때는 어떻게 하면 될까?

4.2 특정 줄을 남기거나 없애기

---

keep [if] [in]
drop [if] [in]

특정 줄(row)을 남기거나 없앨 때는 keep 또는 drop 뒤에 [if]와 [in]을 활용하는 것이다. 3장에서 소개된 [if]와 [in]이 다른 명령어에도 활용이 된다. 주의할 점은 특정 줄을 남기거나 없앨 때 keep(또는 drop)과 [if] 또는 [in] 사이에 변수명을 입력하면 안된다는 점이다. 여기에선 in보다 더 자주 사용되는 if를 활용한 것을 보이고자 한다.

```
use 예제.dta,clear
keep if id_code=="001"
```

---

keep if id_code=="001"					
	id_code	year	a	b	c	d
1	001	1998	581	446	101	967
2	001	1999	-11	-14	254	992
3	001	2000	997	360	203	250
4	001	2001	288	866	624	0
5	001	2002	729	392	-17	628
6	001	2003	123	794	329	571
7	001	2004	812	92	-34	595
8	001	2005	-63	170	374	528
9	001	2006	585	765	758	376
10	001	2007	53	167	494	86
11	001	2008	361	418	752	901
12	001	2009	263	135	737	219
13	001	2010	6	-36	792	694

그림 4.3 특정 줄을 남기기 예시(1)

id_code변수는 문자변수이기 때문에 001 양옆에 큰따옴표가 사용되었음을 알 수 있다. keep if id_code=="001"를 할 경우 [그림 4.3]의 c처럼 id_code의 값이 001인 모든 줄들만 남기고 나머지 줄은 모두 다 사라지게 됨을 알 수 있다.

```
use 예제.dta,clear
keep if id_code=="001"
```

	id_code	year	a	b	c
			drop if year>=2000		
1.	001	1998	581	446	101
2.	001	1999	-11	-14	254
3.	002	1998	976	823	861
4.	002	1999	901	383	608
5.	003	1998	486	473	583
6.	003	1999	804	209	469
7.	004	1998	539	131	-2
8.	004	1999	213	11	-67
9.	005	1998	197	398	917
10.	005	1999	153	974	688
11.	006	1998	524	963	45
12.	006	1999	610	845	177
13.	007	1998	645	477	696
14.	007	1999	581	605	626

주: 각 id마다 밑줄을 긋게 함으로써, 2000년 이후 연도의 자료는 삭제됨을 명확히 보이게 하기 위해 list 명령어를 사용하여 나타냄. list 명령어의 소개는 6장 참조

그림 4.4 특정 줄을 없애기 예시(2)

예제데이터를 다시 열고 drop if year>=2000을 하게 되면 year의 value가 2000 이상인 모든 줄들이 사라지게 되고 그렇지 않은 줄들은 남게 됨을 알 수 있다. [그림 4.4]에서는 실행결과를 list 명령어를(sepby옵션을 사용) 사용하여 나타냈는데, 예제데이터가 패널데이터이고 2000년 이후의 자료가 사라지게 됨을 명확하게 보여주고자 list 명령어를 사용하여 결과창에 나타나게 하였다. list 명령어의 자세한 설명은 6장에서 소개하고자 한다.

4.3   _N과 와일드카드 *

1 _N

3장에서 소개된 _n과 별개로 _N이 있다. 명령문창에 help _N이라고 치면 이에 대한 설명이 나오는데, 데이터 셋의 관측수의 총 개수(the total number of observations in the dataset) 또는 현재 그룹의 관측수의 총 개수(the number of observations in the current group)를 의미한다.[1] 전자는 쉽게 말해 데이터의 줄의 개수를 의미하며 후자는 7장에 소개될 by에 대한 이해가 선행되어야 하므로 7장에서 설명하고자 한다. 우선 예제 do파일의 내용을 살펴보자.

```
use 예제.dta,clear
display _N
gen obs=_N

keep in 1/300
display _N
```

----

[1] 후자의 설명은 16버전에서부터 추가됨

예제데이터를 열면 데이터셋의 총 관측수, 즉 줄의 개수는 481개이다. 이는 데이터 편집기에서 스크롤을 맨 아래로 놓음으로써 관측수를 확인할 수 있고[2], 메인화면에서 속성창에 관측치를 확인함으로써 총 관측수를 파악할 수 있다. 그렇다면 이때의 _N은 481이라는 숫자값을 갖게 된다. 이는 위의 Stata 코드처럼 display 명령어를 사용하여 확인이 가능하다. _N이 481이라는 숫자값을 갖기 때문에 gen obs=_N을 실행하면 모든 줄의 obs값은 481이 된다.

_N은 데이터셋의 총 관측수라고 설명했다. 예를 들어 keep in 1/300을 하여 첫 줄부터 300번째 줄까지 남기고 나머지 줄은 없앴다고 해보자. 그러면 이 상태의 데이터의 총 관측수는 300이기 때문에 총 줄의 개수는 300이 되고, _N=300이란 값을 갖게 된다. 이렇게 _N은 고정된 값이 아니라 데이터의 총 관측수에 따라 숫자가 달라진다는 특징이 있다.

> **시스템 변수(system variable) _N: the number of observations in the current group**
>
> - _N: 데이터셋의 관측수의 총 개수(the total number of observations in the dataset), 쉽게 말해 데이터셋의 총 관측수
> - 또는 현재 그룹의 관측수의 총 개수(the number of observations in the current group)를 의미. 이는 7장에서 다뤄질 by의 개념을 먼저 이해해야 함
> - _N은 데이터셋의 관측수에 따라 값이 자동으로 바뀜

---

2 키보드로 어느 한 값을 클릭한 후 ctrl+아래화살표를 치면 맨 마지막 줄로 이동되며, 이때의 관측수를 파악함으로써 총 줄의 개수를 파악할 수 있음

2 와일드카드 *

```
keep i*
```

	keep i*	
	id_code	**i**
1	001	751
2	001	941
3	001	-70
4	001	387
5	001	-39
6	001	119
7	001	347
8	001	472
9	001	924

그림 4.5   특정 줄을 없애기 예시

앞서 변수리스트(varlist)와 관련하여, 문법설명에 변수리스트(varlist)가 있다면, 와일드카드 *를 사용할 수 있다고 언급한 바 있다. 와일드카드 *는 여러 변수를 편하게 지정하는 장치로서 이를 사용하면 매우 편하다. keep i*에서 i*는 뒤가 무엇으로 끝나든 상관없이 이름이 i로 시작되는 모든 변수를 의미한다. 그런데 예제데이터에서는 i로 시작되는 변수는 id와 i 두 개의 변수밖에 존재하지 않기 때문에 두 변수만 남게 된다. *는 아무 글자라는 느낌으로 가져가는 것이 편하다.*i, *i*, 역시 사용이 가능하기 때문이다. *i는 앞이 무엇으로 시작되든 간에 이름이 i로 끝나는 모든 변수들을 의미한다. *i*는 앞과 뒤가 무엇으로 시작되든, 끝나든 간에 i가 포함된 변수들을 의미한다. 즉 i가 한 번 이상 포함된 변수들을 의미한다.

　　와일드카드 *는 비단 keep, drop에만 사용되지 않는다. 문법에 varlist가 들어간 모든 명령어에 사용이 가능하다. 이는 6장에 rename이란 변수가 있는데, rename과 관련하여 *가 어떻게 활용되는지 알 수 있을 것이다.

1. 예제데이터를 연 다음(use 예제.dta, clear) b, c, d, e, f, g, h, i 변수를 남겨보자. 또한 남길 때 명령문창에 help varlist를 입력하여 this-that 부분을 참고하여 do파일을 작성해보자.

2. 예제데이터를 다시 연 다음(use 예제.dta, clear) id_code, year ,e를 남겨보자. 단 그냥 남기는 것이 아니라 와일드카드 *를 사용하여 남겨보자.

3. 예제데이터를 다시 연 다음(use 예제.dta, clear) id_code가 "025"이면서 d값이 100 이상인 줄들을 남겨보자.

4. keep if _n==_N이란 명령문이 사용 가능하다. 이 명령문을 사용한 결과가 어떻게 나오는지, 왜 그러한 결과가 나오는지 설명해보라. 그리고 keep if _n==_N은 3장에서 소개된 표현으로 바꿀 수 있다. 어떠한 명령문으로 바꿀 수 있는가?

5

문자변수 → 숫자변수,
숫자변수 → 문자변수

LEARNING OBJECTIVE

2장을 통해 변수의 종류가 문자변수 및 숫자변수 두 가지 종류로 나뉠 수 있음을 알 수 있었다. 그렇기 때문에 3장에서 변수를 생성하거나 대체할 때, 명령어 뒤에 붙은 [if]를 사용할 때 사용하는 방식이 조금씩 달라짐을 알 수 있었다. 5장에서는 문자변수→숫자변수로 바꾸어주는 명령어(destring)와 함수(real 함수) 숫자변수→문자변수로 바꾸어주는 명령어(tostring)와 함수(string 함수)를 소개하고자 한다. 아울러 이와 관련한 여러 가지 tip을 소개하고자 한다.

CONTENTS

5.0 문법설명

표 5.1   문자→숫자, 숫자→문자 관련 명령어 및 함수

구분	문자→숫자	숫자→문자
명령어	destring	tostring
함수	real()	string()

주: destring에서 de는 영어의 접두어 de를, tostring에서 to는 전치사 to를 생각하면 쉬움

보통 문자변수→숫자변수로, 숫자변수→문자변수로 바꾸는 것과 관련하여, destring 명령어, tostring 명령어만 소개한다. 그러나 이와 더불어 문자→숫자로, 숫자→문자로 바꾸는데 도움을 주는 함수인 real함수와 string함수 역시 알아둔다면 큰 도움이 된다. 명령어는 단순히 변수를 바꾸는데 제한이 있지만 함수는 변수를 바꾸는 것은 물론 [if] 에 활용이 가능한 점 등, 다른 용도로 활용이 가능하기 때문이다. 왜 이 함수들이 필요 한지 곧 알게 될 것이다. 각 문법설명과 예시를 같이 보면 좋을 것이며, 우선 문자변수 →숫자변수로, 숫자변수→문자변수로 바꾸는 명령어 부분부터 살펴보자.

---

destring *변수리스트* , gen(*새로이 만들 변수의 이름*) 혹은 *replace 다른 옵션들*
tostring *변수리스트* , gen(*새로이 만들 변수의 이름*) 혹은 *replace 다른 옵션들*

* gen()옵션과 replace옵션 둘 중 하나는 반드시 써주어야 됨

---

destring 다음에 문자변수→숫자변수로 바꾸고자 하는 변수들을 입력하고 tostring 다음에 숫자변수→문자변수로 바꿀 변수들을 입력하면 된다. 변수리스트(varlist)라고 명시되어 있으므로, 한 개 이상의 변수들을 입력하는 것이 가능함을 알 수 있다. 그리 고 destring/tostring 명령어 모두 gen()옵션 혹은 replace옵션 둘 중 하나는 반드시 사 용해야 한다. 그냥 단순히 destring 변수명 혹은 tostring 변수 이렇게만 입력하면 Stata

는 gen()옵션이나 replace옵션 둘 중 하나는 반드시 사용하라고 붉은색의 글씨와 함께 에러가 난다.

```
                              real("문자")

예    real("3.2")+4=7.2
      real("안녕")=.
      tabulate x if real(x)==.
```

real()함수는 문자를 숫자로 바꾸어주는 함수이다. 그래서 위의 첫 번째 예시를 보면 알 수 있듯이 real("1")+2를 하면 3이라는 값이 나온다.[1] 반면 두 번째처럼 real("안녕")을 하면 결측값(missing value)으로 나온다. 즉 real함수는 숫자로 바꿀 수 있는 부분은 숫자로 바꾸어주며, 숫자로 바꾸지 못하는 문자는 결측치로 처리하는 특성이 있음을 알 수 있다. 또한 세 번째 예시처럼 [if]에 사용할 수 있다.[2] destring은 말 그대로 명령어이지, 함수가 아니기 때문에 [if] 안에 사용하지 못한다. 세 번째 예시는 5.1.2 문자변수→숫자변수로 바꾸기 관련 tip에서 자세히 설명하고자 한다.

```
                         string(숫자 [, "format"])

예    string(1)+"a"="1a"
      string(10^9, "%20.0gc")="1,000,000,000"
      gen x=string(_n)
```

string()함수는 real()함수와 반대로 숫자를 문자로 바꾸어주는 함수이다. 첫 번째 예시는 string함수를 사용하면 숫자 1이 어떻게 변환되는지 보여주는 사례이다. "1"+"a"

---

1 당연히 "3.2"+4는 안됨. "3.2"은 문자값으로 처리된 3.2이며 4는 숫자값으로 종류가 다른 걸 더할 수 없기 때문임

2 real함수뿐만 아니라 다른 함수 역시 [if]에 활용이 가능함

가[3] 가능하지만 "1" 대신 string(1) 사용이 가능하다. 뿐만 아니라 포맷 옵션도 존재하여 숫자를 문자로 바꾸는데, 특정 형태의 문자로 바꾸어줄 수 있다. 세 번째 예시처럼 자연수인 변수를 만드는 데 string함수를 사용함으로써 문자변수인 자연수 x를 만들 수 있다.

5.1 문자변수 → 숫자변수로 바꾸기

5.1.0 예제데이터 읽어들이기

```
import delimited 예제.txt ,delim("")  clear
rename v1 x
rename v2 y
save 예제데이터.dta,replace
```

예제데이터인 예제.txt를 읽어들이는 부분이다. 비록 변수가 2개이고 관측수가 1,000개인 간단한 파일이지만 파일설계서 예시를 첨부하였으니 같이 보면 될 것이다. 자료를 읽어들인 후 변수명을 x y로 바꾸었는데 변수명을 바꾸는 명령어인 rename은 6장에서 자세히 소개할 것이며, 일단 v1을 x로 v2를 y로 바꾸는 것만 보고 넘어가자.

---

3 문자의 덧셈은 문자와 문자를 옆으로 놓은 것이라 생각하면 됨. 즉 "$문자_1$"+"$문자_2$"="$문자_1문자_2$"

5.1.1 문자변수 → 숫자변수로 바꾸기

1 destring 사용방법과 real함수 사용

```
use 예제데이터.dta,clear

replace x="100" if x=="100/1"
```

외부에서 읽어들인 예제데이터를 보면 데이터 편집기엔 x와 y변수 모두 붉은색으로 나옴을 알 수 있다. 즉 숫자변수가 아닌 문자변수로 읽어지게 되었다. 2장을 통해 Stata 는 자료를 읽어들일 때, 변수에 숫자로 바꿀 수 없는 값이 단 하나라도 존재하면 그 변수를 숫자변수가 아닌 문자변수로 읽어들이게 됨을 알았다. 그렇다면 이는 x변수에 x 변수를 숫자변수로 바꿈에 있어 방해가 되는 값이 존재한다는 것이고, 이를 적절하게 처리하여 바꾸어야 함을 의미한다. 실제 데이터를 보면 알겠지만 100번째 줄의 x값은 "100/1"이 있다. 이 값 때문에 x변수는 숫자변수가 아닌 문자변수로 읽어지게 된 것이다. 그렇다면 우리는 이 "100/1"을 "100"으로 바꾸어준 다음 숫자변수로 바꾸어야 할 것이다(replace x="100" if x=="100/1" 사용, replace는 3장 참조).

```
destring x,gen(num)
gen num2=real(x)
destring x,replace
```

그림 5.1   문자변수 → 숫자변수로 바꾸기

문자변수를 숫자변수로 바꾸기 위해 destring 명령어와 real함수를 사용한 부분이다. destring 명령어를 사용함에 있어 gen옵션과 replace옵션 두 부분을 사용하였고, real 함수를 사용하였다. destring 명령어에서 gen옵션과 replace옵션 둘 중 하나는 반드시 사용하는 이유는 [그림 5.1]과 같이 문자변수→숫자변수로 바꾸는 방식의 차이 때문이다. 즉 기존의 문자변수인 x는 그대로 보존하면서 새로운 변수를 생성하여 거기에 숫자로 변환시키는 방식이 존재할 것이며[destring x,gen(num)], 기존의 문자변수 x 자체를 숫자변수로 바꾸는 방식이 존재할 것이기 때문이다. 한편 gen num2=real(x)를 해주면 결과는 destring 사용 결과와 차이가 없다. x변수에서 숫자값으로 변환할 수 없는 어떤 다른 값이 이 상태에서는 존재하지 않기 때문이다. 즉 replace x="100" if x=="100/1" 과정을 거치지 않은 상태에서 destring을 사용하면 x변수는 숫자변수로

바뀌지 않지만[4], gen num2=real(x)를 해주면 100번째 줄의 num2 값은 결측치로 나오게
되는 차이점이 있다. real함수는 숫자로 바꿀 수 없는 값은 결측치로 처리하기 때문이다.

2 문자변수 → 숫자변수로 바꿀 시 주의점

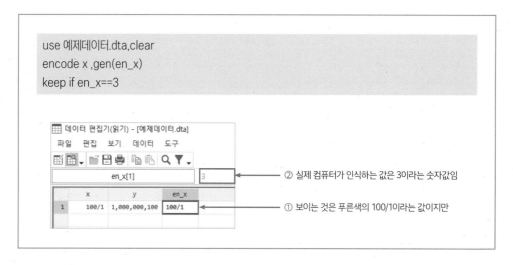

```
use 예제데이터.dta,clear
encode x ,gen(en_x)
keep if en_x==3
```

그림 5.2   문자변수→숫자변수로 바꿀 시 주의점

간혹 문자변수를 숫자변수로 바꾼답시고 encode 명령어로 숫자를 바꾸려고 하는 경
우가 있다. 절대 안된다. 왜 안되는가? 예제 do파일에서 해당 부분을 실행해보자. 예제
do파일에서 keep if en_x==3을 하였기 때문에 x="3"인 줄만 남겨질 것 같지만 결과
는 그렇지 않다. 엉뚱하게 x="100/1"이 남겨지게 되었다. 왜 이런 현상이 발생하게 되
는가? encode 명령어는 문자변수로 인식된 x값을 오름차순으로 1부터 코딩하기 때문
이다. 실제로 명령문창에 sort x를 쳐서 x값을 오름차순으로 정렬해보면 세 번째 줄에
"100/1"이 있음을 알 수 있다. 즉 결과적으로 "100/1"은 3으로 코딩된 것이다. 그런데

---

4 이 상태에서 destring 명령어를 사용하면 x변수는 문자변수로 바뀌지 않음. 그러나 force옵션을 활용하면
   바꾸는 것은 가능함. 그러나 "100/1"과 같이 숫자 100을 의미하는 부분이 결측치로 처리되어 바뀌게 되
   는 문제점이 존재함. 이러한 경우 때문에 force옵션을 사용한 destring 명령어의 사용을 추천하지 않음

[그림 5.2]에서 보이는 것처럼 en_x은 푸른색의 100/1로 나와 있다. 그러나 보이는 것에 속아서는 안된다. 사람의 눈에 보이는 것은 100/1일 뿐이지 실제 컴퓨터가 인식하고 있는 값은 3으로 인식하고 있다. 그렇기 때문에 keep if en_x==3을 했을 때 x=="3"인 줄이 아니라 x=="100/1"인 줄이 남아있게 되는 것이다. 따라서 문자변수를 숫자변수로 바꾼다고 encode 명령어를 함부로 사용하면 안된다. 참고로 encode는 패널선언과 관련하여 문자변수로 처리된 id변수를 자연수로 코딩하고자 할 때 사용하는 명령어로 13장에서 소개할 것이다.

5.1.2   문자변수 → 숫자변수로 바꾸기 관련 tip

1 숫자변수로 바꾸는데 방해되는 문자가 무엇인지 빨리 찾기

앞서 문자변수→숫자변수로 바꿈에 있어 숫자변수로 바꾸는데 방해가 되는 문자를 적절히 처리하고 나서 숫자변수로 바꾸어주어야 한다고 언급했다. 이 과정에서 숫자변수로 바꾸는데 방해가 되는 문자를 빨리 찾는 것이 관건이다. 데이터가 많지 않으면 빨리 찾을 수 있겠지만, 데이터가 많다면 이를 찾는 것도 쉬운 일이 아니다. 관측수가 많다면 일일이 데이터 편집기의 스크롤바를 내리고 올리며 찾아야 되고 이 또한 일종의 비용이기 때문이다. 그러면 숫자변수로 바꾸는데 방해되는 문자를 빨리 찾는 방법이 있을까? tabulate 명령어와 real함수를 잘 사용해주면 된다.

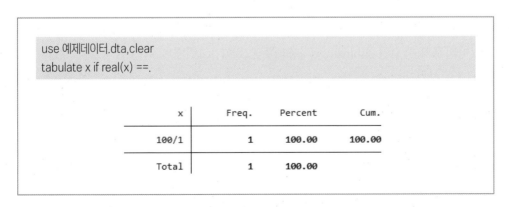

그림 5.3   숫자변수로 바꾸는데 방해되는 문자가 무엇인지 빨리 찾기

tabulate 명령어는 원래 한 변수의 변수값들이 얼마나 있는지 빈도를 확인할 때 사용하는 명령어이나, 여기선 x의 고유한 값들이 있는지 볼 때 사용하였다. 특히 [그림 5.3]처럼 if real(x)==.을 사용하여 숫자변수로 바꾸는데 방해가 되는 x의 값들만 확인한 것이다. 이것이 성립된 이유는 앞서 real함수를 소개한 부분에서 언급하였듯이 숫자로 바꿀 수 없는 문자는 결측치로 처리하는 특성 때문이다. 이러한 특성 때문에 결과적으로 if real(x)==. 조건에 충족하는 줄은 "100/1"과 같이 숫자로 바꿀 수 없는 줄들이 되는 것이고 이러한 값들만 결과창에 나오게 되는 것이다.

2 필요 없는 문자 제거하기

```
use 예제데이터2.dta,clear

replace y=subinstr(y,",","",.)
destring y,replace
```

예제데이터2.dta파일을 열고 y변수를 숫자변수로 바꾸고자 하는 상황이다. 그러나 y변수 없이 곧바로 숫자변수로 바꿀 수 없다. 그 이유는 숫자 사이에 콤마가 존재하기 때문이다. 그러나 단순히 [replace y="" if y==","]로 할 수 없다. 왜냐하면 y값은 콤마 하나만 들어가 있는 것이 아니기 때문이다. 즉 [replace y="1000000001" if y=="1,000,000,001"]를 한 다음 다른 줄에 대해서도 이런 식으로 일일이 해줘야 한다. 그러나 이런 작업은 너무 비효율적이다. 콤마를 없애면 되는데 어떻게 없애주면 될까?

찾아바꾸기 함수인 subinstr을 사용해주면 된다. 그런데 우리는 콤마를 없애는 것이 목표이지 다른 값으로 바꾸는 것이 목표가 아닌데 어떻게 사용해주면 되는가? "콤마를 없앤다"는 표현을 살짝 바꾸어주면 된다. 바로 "콤마를 결측치로 바꾸어준다"라는 표현으로 말이다. 그러면 subinstr을 사용할 수 있다. 바꾸고자 하는 대상은 y변수이니 subinstr 첫 번째 argument에 y를 놓고, 콤마를 결측치로 바꾸고자 하는 상황이니 두 번째 argument에는 ","를 세 번째 argument에는 ""를 놓는다. 그리고 보이는 모든 콤마를 없애야 하는 상황이니 숫자값의 결측치를 의미하는 점(.)을 마지막 argument로 놓아준다. 그러면 콤마는 없어진 숫자만 남게 되며 [destring y,replace]를 하게 되면 y 변수는 숫자변수로 바뀐다. 여기까지 실행하면 결과는 [그림 5.4]와 같다.

	x	num	y	num2
1	1	1	1.000e+09	1
2	2	2	1.000e+09	2
3	3	3	1.000e+09	3
4	4	4	1.000e+09	4
5	5	5	1.000e+09	5
6	6	6	1.000e+09	6
7	7	7	1.000e+09	7
8	8	8	1.000e+09	8
9	9	9	1.000e+09	9
10	10	10	1.000e+09	10
11	11	11	1.000e+09	11
12	12	12	1.000e+09	12
13	13	13	1.000e+09	13
14	14	14	1.000e+09	14
15	15	15	1.000e+09	15
16	16	16	1.000e+09	16
17	17	17	1.000e+09	17

그림 5.4 필요 없는 문자 제거 후 destring 사용 결과

찾아바꾸기 함수 subinstr()

substr함수와 별도로 subinstr이라는 함수가 있다. 이는 찾아바꾸기 함수로 알면 정말 유용하다. 문법과 예시를 같이 보면서 설명을 보면 이해가 될 것이다. 예시는 명령문창에 help subinstr를 치면 나오는 예시를 가져왔다.

subinstr("고치고자 하는 문자", "바꾸고 싶은 문자", "대신 갈아끼울 문자", 바꿀 횟수)

subinstr("this is the day","is","X",1) = "thXis the day.

subinstr("this is the hour","is","X",2) = "thX Xthe hour.

subinstr("this is this","is","X",.) = "thX X thX"

cf) 점(.) : 숫자값의 결측치를 의미하며 결측치가 아닌 어떤 다른 수보다 가장 큰 값으로 인식
→ 무한번 횟수를 의미하게 됨!

1~3번째 argument에서 문자변수가 아닌 문자를 넣고자 할 경우 항상 양옆에 큰따옴표를 넣어줘야 한다. 예시를 들면 아래와 같다. 첫 번째 예시의 뜻을 말로 풀어서 설명하면 "this is the day란 문장에서 is가 발견되면 X로 바꾸는데 그 횟수는 1번으로 해라"라는 뜻이 된다. this is the day와 is X는 모두 문자라서 양옆에 큰따옴표가 있음을 알 수 있다. 두 번째 예시에서 숫자 1 대신 2로 바뀌었는데 두 번 바꾸라는 뜻이 된다. 그래서 this에서 한 번, is에서 한 번 도합 두 번 X로 바뀐 것이다. 숫자 대신 .를 넣으면 모든 경우를 다 바꾸라는 뜻이 된다. 점(.)은 숫자값의 결측치를 의미하는데 Stata에서 숫자값의 결측치는 결측치가 아닌 어떤 다른 수보다 가장 큰 수로 인식하기 때문에 결국 무한 번의 횟수를 의미하게 된다. 그래서 3번째 경우를 보면 숫자 대신 .를 입력하였기 때문에 this is this에서 is가 탐지되는 대로 모두 X로 바뀐다.

```
format %20.0gc y
```

그런데 [그림 5.4]처럼 y변수를 숫자로 바꿨는데 이상한 양식의 숫자로 나온다. 마치 엑셀에서 표시형식을 바꾸어 콤마표시를 하는 것처럼 표기를 하고 싶을 것이다. 엑셀의 이러한 역할을 수행하는 명령어가 format 명령어이다. 위의 코드처럼 입력해주거나 [format y %20.0gc]를 입력해주면 세 자리 수마다 콤마가 들어간 표시 형식으로 바뀐다. 물론 당연히 컴퓨터는 y변수를 숫자변수로 인식하고 있음을 잊어서는 안된다. 표시 양식이라는 옷을 입고 있을 뿐이지 그 본질은 어디까지나 문자가 아닌 숫자이다. 그러니까 첫 번째 줄의 y값을 예로 들면 "1,000,000,001"라는 문자값으로 인식하는 것이 아니라 1000000001라는 숫자값으로 인식하고 있다는 것이다.

format을 쉽게 활용하는 방법

예제 do파일에서 나온 코드 format %20.0gc y에서 %20.gc 양식 기호를 일일이 외워야 되는지 부담감을 느낄 수 있다. 결론부터 말하면 굳이 외우지 않아도 된다. 마우스 클릭을 사용하여 표시 양식을 적절히 바꾼 다음 ⑧처럼 결과창에서 복사 후 do파일에 붙여넣기를 하면 되기 때문이다. 아래처럼 마우스를 클릭하며 사용하다 보면 양식이 조금씩 눈에 들어오게 되는데 그때 do파일에 특정 양식을 직접 코딩해도 늦지 않다. 즉 외우려고 하는 것이 아니라 외워지는 것이다.

이런 방식으로 마우스로 클릭하다 보면 눈에 보이게 되는데 %20.0gc에서 20은 총 자리수를, 0은 소수 자리수를 의미하는 것이 보이게 된다. 그리고 g는 일반 숫자(general numeric)를 의미하며 c는 콤마를 의미한다. 이러한 방식으로 날짜 표시방식도 바꿀 수 있다. 참고로 1, 2, 3의 자연수를 001, 002, 003 형식으로 표시할 수 있는데 이때는 고정 숫자를 사용해줘야 한다.

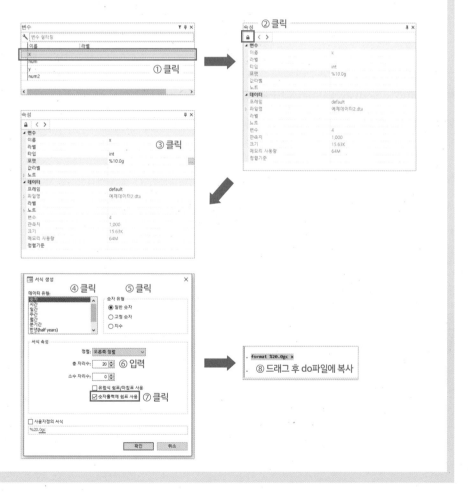

5.2   숫자변수 → 문자변수로 바꾸기

5.2.1   tostring 사용과 string함수 사용

이번에는 역으로 숫자변수→문자변수로 바꾸는 부분이며 tostring 명령어와 string 함수를 사용하였다. tostring 명령어의 경우 destring 명령어를 잘 이해하면 어렵지 않게 이해할 수 있다.

```
tostring y,gen(str_y)
gen str_y2=string(y, "%20.0gc")
tostring y, replace
```

[tostring y,gen(str_y)]은 tostring 명령어의 첫 번째 용례인 gen옵션을 사용한 case 가 된다. 이 경우 destring과 비슷하게 str_y라는 새로운 변수가 생성되며 y변수의 값이 숫자값으로 바뀌고 그 값들이 str_y변수의 변수값으로 들어가 있음을 알 수 있다. [gen str_y2=string(y, "%20.0gc")]은 string함수를 사용한 용례이다. 앞서 소개되었듯이 string함수는 숫자값 또는 숫자변수를 문자값 또는 문자변수로 바꾸어주는 함수이다. 다만 주의할 점은 웬만하면(특히 큰 숫자일수록, 혹은 시간과 관련된 숫자변수일수록) 포맷 옵션을 사용해야 한다. 그렇지 않으면 숫자가 부정확한 값으로 문자화되기 때문이다. [tostring y, replace]은 tostring의 두 번째 용례인 replace옵션이 사용되었다. 이 경우 replace옵션을 사용한 destring 명령어와 비슷하게 y변수의 성격 자체가 숫자변수→문자변수로 바뀐다. 여기까지 하면 결과는 [그림 5.5]와 같다.

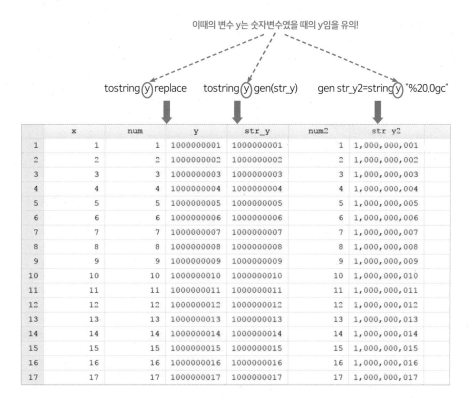

그림 5.5   숫자변수 → 문자변수로 바꾸기

5.2.2 특정 포맷의 string으로 바꾸기

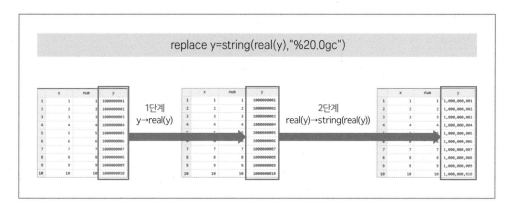

그림 5.6   특정 포맷의 string으로 바꾸기

[그림 5.6]은 문자변수로 처리된 숫자를 문자의 성격을 유지하면서 특정 양식의 숫자로 바꿀 때 사용하면 좋다. real와 string 두 함수가 사용되었으며 합성함수(composite function)의 구조이다. string함수에 들어갈 대상은 숫자값 또는 숫자변수이기 때문에 y를 곧바로 넣을 수 없다. 그러나 real함수를 사용하면 string함수의 사용대상이 될 수 있다(1단계). y는 문자의 성격을 띠지만 real(y)는 숫자의 성격을 띠게 되기 때문이다. 그다음 real(y)를 string함수의 첫 번째 argument에 들어가서(단 포맷 옵션 사용) 세 자리마다 콤마가 들어간 양식의 문자값인 숫자로 바뀌게 된다(2단계). 그래서 replace y=string(real(y),"%20.0gc")를 사용하면 y변수에 콤마가 생기게 됨을 알 수 있다.

1. 5장문제.dta파일을 연 다음, price와 index변수를 숫자변수로 바꾸어보라.

2. 5장문제.dta파일을 다시 연 다음, price와 index변수를 숫자변수로 바꿀 때 destring 명령어의 ignore옵션을 활용하여 숫자변수로 바꾸어보라.

3. 2번 문제를 푼 상태의 price변수는 숫자변수이다. 이때 price의 포맷을 바꾸는데, 일반 숫자 포맷으로 총 자리수는 10자리로 설정하되, 세 자릿수마다 콤마를 넣은 포맷의 형태로 바꾸어보라.

4. 아래의 그림처럼 no변수와 price변수를 문자변수로 바꾸어보라(단, price변수는 3번 문제를 풀 때 사용된 포맷을 사용해야 됨).

   HINT 일단 숫자변수를 문자변수로 바꾼 다음 특정 양식으로 바꿔줘야 하며, no변수의 경우 format 고정 숫자포맷을 사용해줘야 됨

	no	price	index
1	001	1,039.45원	175
2	002	1,025.421원	273
3	003	1,054.198원	283
4	004	1,034.326원	186
5	005	1,146.601원	221
6	006	922.70365원	295
7	007	961.2044원	170
8	008	1,007.9원	185
9	009	965.22947원	148
10	010	985.38802원	263
11	011	1,022.034원	291
12	012	1,020.216원	159

6

기본 명령어 소개

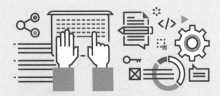

LEARNING OBJECTIVE

6장에서는 많이 쓸 법한 기본 명령어인 describe, summarize, tabulate, count, list, label 명령어들, rename 명령어를 소개하고자 한다. 각 명령어의 자세한 문법설명은 help 명령어를 명령문창에 치면 나오며, 문법설명을 보는 방법은 2장을 참고하면 될 것이다.

CONTENTS

6.1 ▶ describe

6.1.1 sysuse

```
sysuse auto.dta,clear
```

이번 6장의 예제는 Stata 폴더에 내장된 예제데이터인 auto.dta파일이다. Stata폴더에 내장되어 있기 때문에 sysuse란 명령어를 사용함으로써, 워킹 디렉토리가 어디에 있든 간에, 곧바로 열 수 있다. 또한 auto.dta파일을 저장하는 과정도 없기 때문에 6장에서는 특수하게 워킹 디렉토리를 지정하는 명령어인 cd가 없다.

6.1.2 describe

```
describe
des make price

label list origin
d ,replace clear
```

describe만 치면 [그림 6.1]처럼 모든 변수에 대한 설명이 결과창에 나온다. obs와 vars는 각각 관측수와 변수의 개수를 의미한다. storage type은 변수 타입을 나타내고 있는데 이를 통해서도 한 변수가 문자변수인지, 숫자변수인지 알 수 있다. 변수 타입이 str로 시작되는 모든 변수는 문자변수이며 str로 시작되지 않는 변수는 숫자변수이다. display format은 각 변수의 표시 양식을 보여주고 있다. 이 display format이 format 명령어를 사용할 때 사용되는 표시 양식이다. 값 라벨은 숫자값에 코딩을 입힐 때 사용된다. [그림 6.1]에서 보듯이 foreign변수에 origin이란 값 라벨이 입혀졌는데 각 숫자에 어떤 글자가 코딩이 됐는지 확인하고자 할 때 label list origin을 하여 살펴보면 된

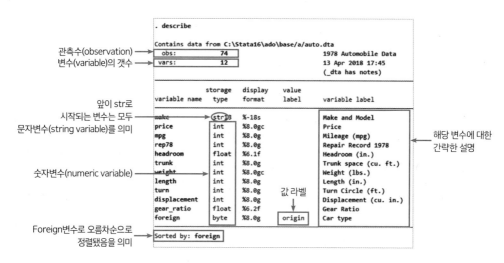

그림 6.1   describe 명령어 사용 결과(결과창)

다. 이 부분은 [그림 6.1]과 같이 살펴보면 이해가 될 것이며 label list 명령어는 6.7 값에 코딩하기에서 자세히 다루도록 하겠다. 한편 변수 라벨(variable label)은 변수에 대한 간략한 설명을 기록할 때 좋다. 특히 숫자변수에 대해 단위가 어떻게 되는지 기록할 때도 좋다. 예를 들어 자산총계가 만 원일 수 있고, 백만 원일 수 있고, 달러일 수 있다. 이때 단위를 변수 라벨에 기록한다면, 데이터를 파악할 때 용이할 것이다. 그리고 변수 라벨은 메인 화면의 변수창을 통해서도 확인이 가능하다. 그리고 sorted by는 오름차순 정렬 기준이 된 변수를 표시해준다. [그림 6.1]을 통해 알 수 있는 것은 auto.dta파일은 foreign이라는 변수로 오름차순으로 정렬되어 있음을 알 수 있다. 순서를 정렬하는 명령어는 7장에서 자세히 다루도록 하겠다.

```
d ,replace clear
```

	position	name	type	isnumeric	format	vallab	varlab
1	1	make	str18	0	%-18s		Make and Model
2	2	price	int	1	%8.0gc		Price
3	3	mpg	int	1	%8.0g		Mileage (mpg)
4	4	rep78	int	1	%8.0g		Repair Record 1978
5	5	headroom	float	1	%6.1f		Headroom (in.)
6	6	trunk	int	1	%8.0g		Trunk space (cu. ft.)
7	7	weight	int	1	%8.0gc		Weight (lbs.)
8	8	length	int	1	%8.0g		Length (in.)
9	9	turn	int	1	%8.0g		Turn Circle (ft.)
10	10	displacement	int	1	%8.0g		Displacement (cu. in.)
11	11	gear_ratio	float	1	%6.2f		Gear Ratio
12	12	foreign	byte	1	%8.0g	origin	Car type

그림 6.2   describe 명령어 사용 결과(replace clear옵션 사용)

d까지만 쳐도 describe 명령어가 작동되며 replace clear옵션을 사용하면 describe의 내용이 결과창이 아닌 데이터 편집기에 나오게 된다. 이때 replace뿐만 아니라 clear옵션도 반드시 같이 사용해야 한다. 이는 변수에 대한 설명을 데이터 편집기에 띄우게 하고 이를 엑셀파일로 내보낼 때[1] 유용하다.

6.2 summarize

```
sysuse auto.dta,clear
summarize
su price mpg
su price mpg,detail
```

---

1 데이터 편집기를 편집 가능하게 바꾼 다음, 범위를 지정하여 복사해서 엑셀시트에 복사해도 되며 엑셀 파일로 내보내는 명령어인 export excel 명령어를 사용해도 됨

```
. su price mpg,detail

                              Price

            Percentiles    Smallest
 1%           3291            3291
 5%           3748            3299
10%           3895            3667        Obs                 74
25%           4195            3748        Sum of Wgt.         74

50%           5006.5                      Mean           6165.257
                           Largest        Std. Dev.      2949.496
75%           6342           13466
90%          11385           13594        Variance       8699526
95%          13466           14500        Skewness       1.653434
99%          15906           15906        Kurtosis       4.819188

                           Mileage (mpg)

            Percentiles    Smallest
 1%            12             12
 5%            14             12
10%            14             14        Obs                 74
25%            18             14        Sum of Wgt.         74

50%            20                      Mean           21.2973
                           Largest      Std. Dev.      5.785503
75%            25             34
90%            29             35        Variance       33.47205
95%            34             35        Skewness       .9487176
99%            41             41        Kurtosis       3.975005
```

```
. summarize

    Variable |   Obs      Mean     Std. Dev.     Min       Max

        make |     0
       price |    74   6165.257    2949.496      3291     15906
         mpg |    74    21.2973    5.785503        12        41
       rep78 |    69   3.405797    .9899323         1         5
     headroom |    74   2.993243    .8459948       1.5         5

        trunk |    74   13.75676    4.277404         5        23
       weight |    74   3019.459    777.1936      1760      4840
       length |    74   187.9324    22.26634       142       233
         turn |    74   39.64865    4.399354        31        51
 displacement |    74   197.2973    91.83722        79       425

   gear_ratio |    74   3.014865    .4562871      2.19      3.89
      foreign |    74   .2972973    .4601885         0         1
```

그림 6.3   summarize 명령어 사용1

　　d, replace clear 때문에 데이터 편집기의 내용이 바뀌게 되었다. 그래서 auto.dta파일을 다시 연 다음 summarize를 사용했다. describe와 마찬가지로 변수리스트를 넣지 않으면 [그림 6.3]의 왼쪽 부분처럼 모든 변수들을 대상으로 기초통계량(관측수, 평균, 표준편차, 최소값, 최대값)이 구해진다. 물론 문자변수(예제파일의 경우 make변수)는 숫자가 아니기에 obs값이 0으로 나오며 평균, 표준편차, 최소값, 최대값 등은 결측치로 나오게 된다. 한편 detail옵션을 사용하면 [그림 6.3]의 오른쪽 부분처럼 퍼센타일과 왜도, 첨도 등 더 자세한 통계량을 얻을 수 있다.

```
su price if foreign==0
```

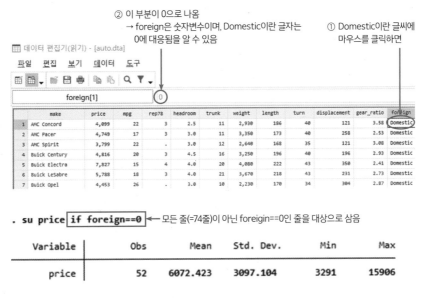

그림 6.4   summarize 명령어 사용2

if를 결합하여 사용한 예시이다. if를 사용하지 않으면 74개의 모든 줄을 대상으로 기초통계량을 제시하지만, 이 경우 foreign==0인 줄들만 대상으로 기초통계량을 구할 수 있다. 그리고 foreign변수가 푸른색의 글자가 떠서 문자변수라고 착각할 수 있는데 엄연히 숫자변수이다. 다만 이 경우 값 라벨이 foreign변수에 encode되어 0인 경우 Domestic이라는 글씨가, 1에는 Foreign이라는 글씨가 이를 [su price if foreign==0]과 연결한다면 결국 Domestic에 대한 price의 기초통계량을 구한 결과가 된다.

6.3 tabulate

tabulate도 종류가 여러 가지가 있는데, 여기서는 한 변수에 대한 변수값의 빈도 (tabulate oneway)를 보여주는 것과 두 개의 변수의 변수값들에 대한 빈도(tabulate twoway)를 보여주는 것을 소개하고자 한다. 줄여서 tab 혹은 ta까지만 적어도 tabulate 란 명령어로 인식한다.

```
. tabulate foreign
```

Car type	Freq.	Percent	Cum.
Domestic	52	70.27	70.27
Foreign	22	29.73	100.00
Total	74	100.00	

이 부분을 통해 foreign이란 변수 안에 어떤 종류의 변수값이 있는지, unique한 변수값이 무엇이 있는지 알 수 있음

그림 6.5   tabulate 명령어 사용(oneway)

[그림 6.5]는 tabulate oneway를 사용한 예시이다. 이를 통해 foreign이란 변수 안에 어떤 값들이 있는지, 각 값들에 대한 빈도는 어떤지를 알 수 있다. 여기에선 foreign 변수 안에 Domestic이란 변수값과 Foreign이 있음을 알 수 있다. 그리고 percent를 통해 각 값의 빈도의 비중을 알 수 있다. 그리고 tabulate foreign을 사용함으로써 한 변수에 어떤 종류의 값이 있는지, unique한 값이 무엇인지를 알 수 있다. 생각해보자. 1째 줄의 foreign의 값은 Domestic이고 2째 줄도 그러하다. 그러나 이들의 값은 같은 값이다. 같은 값이면 tabulate 결과에서 굳이 Domestic을 두 번 쓰지 않는다. 그 대신 Domestic의 빈도(Freq.)값이 올라갈 것이다. [그림 6.5]의 왼쪽 부분을 주목해보자. car type 밑에 Domestic을 두 번 썼는가? 아니다. unique한 값들이 있다. 이를 통해 foreign이란 변수에 어떤 종류의 값이 있는지 알 수 있다는 것이다. 이는 데이터가 커서 observation이 많을 때 유용하다. 언제 마우스휠을 위아래로 굴려서 한 변수에 값 종류

를 확인할 시간이 있겠는가? 차라리 tabulate 명령어를 사용하면 되는 것이다. 또한 5장에서 숫자변수로 바꾸는데 방해가 되는 문자값을 빨리 찾는 tip에서 tabulate 명령어가 사용되었는데, 이 부분을 같이 본다면 도움이 될 것이다.

```
. tab foreign headroom

                                      Headroom (in.)
  Car type        1.5     2.0     2.5     3.0     3.5     4.0     4.5     5.0  |   Total

  Domestic          3      10       4       7      13      10       4       1  |      52
   Foreign          1       3      10       6       2       0       0       0  |      22

     Total          4      13      14      13      15      10       4       1  |      74
```

그림 6.6   tabulate 명령어 사용(twoway)

[그림 6.6]은 tabluate twoway의 사용 예이다. 이를 사용하면 foreign변수와 headroom의 결합테이블을 보여준다. [그림 6.6]을 통해, foregin 값이 Domestic이면서 headroom값이 1.5인(foreign==Domestic & headroom==1.5) 줄은 3줄이 있음을 알 수 있다.

6.4 count

```
. count
74

. cou if price<=5000
37
```

그림 6.7   count 명령어 사용

count 명령어는 줄의 개수, 관측수(observation)를 결과창에 제시해주는 명령어이다. count 명령어의 용례는 [그림 6.7]을 통해 알 수 있다. [그림 6.7]의 첫 번째 결과는 auto.dta파일의 전체 줄의 개수를 보여주고 있음을 알 수 있다. 그리고 [그림 6.7]의 두 번째 결과를 통해서 price변수의 값(value)이 5,000 이하인 줄의 개수가 37개임을 나타내고 있다. 그리고 [그림 6.7]의 두 번째 결과를 통해 count를 다 칠 필요 없이 cou까지만 쳐도 count로 Stata가 인식하고 작동하고 있음을 알 수 있다.

6.5 list

```
list
l price mpg in 1/5
l weight headroom in 1/10 ,sepby(headroom)
```

list 뒤에 변수명을 입력하지 않기 때문에
모든 변수에 대한 자료가 결과창에 나타난다.

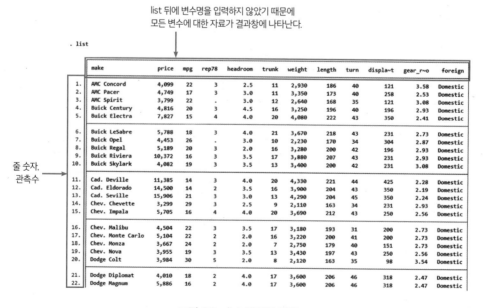

그림 6.8   list 명령어 사용

list 명령어를 치면 [그림 6.8]처럼 자료의 모습이 결과창에 나온다. 변수명을 안쳤기 때문에 모든 변수들의 대한 자료가 나오며, [if]나 [in]을 따로 치지 않았기 때문에 모든 줄(row)을 보여주려고 한다. 데이터 편집기를 통해서 데이터를 볼 수 있지만, 이렇게 list 명령어를 통해서 결과창에 데이터를 볼 수도 있다. 데이터 편집기는 엑셀처럼 줄을 그을 수 없어서 데이터를 볼 때 불편할 수 있지만 list 명령어를 사용하면 가로줄이 그어 진 데이터를 볼 수 있다. 기본적으로 5줄마다 가로줄이 그어진 모습으로 데이터를 보여 준다.

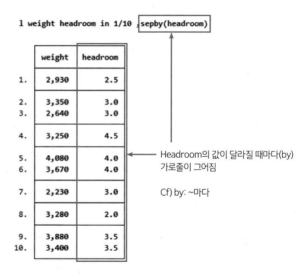

그림 6.9   list 명령어 사용(sepby옵션 사용)

sepby옵션을 사용하면, [그림 6.9]처럼 가로줄이 그어진 형태의 데이터를 볼 수 있다. sepby()에서 ()에 변수명이 들어올 수 있으며 한 변수 이상 들어올 수 있다.[2] sepby 는 separated by의 약자이며 Stata에서 by가 있는 건 [~마다] 내지 [~별]로 해석하면

---

2 help list를 쳐서 sepby옵션을 보면 varlist2가 있음을 알 수 있는데, varlist를 통해 변수 한 개 이상 입력이 가능함을 알 수 있음

편하다. 즉 headroom의 값이 달라질 때마다 가로줄을 그으라는 뜻이 된다. 특히 2, 3 째줄의 경우 headroom의 값이 모두 3.0이기 때문에 2줄과 3줄 사이엔 줄이 그어지지 않았지만 4번째 줄부터 headroom의 값이 4.5로 바뀌었기 때문에 3줄과 4줄 사이에 줄이 그어지게 된 것이다. 이런 식으로 sepby()옵션을 사용할 경우 변수(들)의 값이 달라질 때마다 줄이 그어짐을 알 수 있다.

6.6 ▶ label variable

label variable 명령어는 변수에 라벨(label)을 다는 명령어로서 보통 변수에 대한 간략한 설명 내지 해당 변수의 단위를 적고자 할 때 사용된다.

```
label variable price 가격
la var mpg "마일리지,mpg"
```

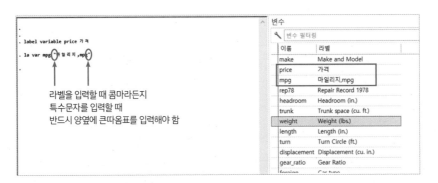

그림 6.10   label variable 사용

첫 번째 작업을 통해 price에 라벨이 가격으로 바뀜을 알 수 있으며 두 번째 작업을 통해 mpg의 라벨이 [마일리지,mpg]로 바뀌어졌음을 알 수 있다. 첫 번째 작업의 경우 큰따옴표를 굳이 입력하지 않아도 된다. 그러나 두 번째 작업의 경우는 반드시 입력해쥐야 된다. 쉼표 때문이다. Stata는 콤마를 기준으로 옵션인지 아닌지를 구분하게 되어 있다. 그런데 라벨을 입력할 때 콤마를 사용하고자 하는 경우가 있다. 그러면 Stata에 옵션을 구분 짓는 콤마가 아니라 라벨 입력 때문에 콤마를 사용한다는 것을 분명히 할 필요가 있다. 그렇기 때문에 큰따옴표가 반드시 필요한 것이다.

price변수와 mpg변수의 라벨은 [그림 6.10]에 나온 것처럼 오른쪽의 변수창을 보거나 describe 명령어를 통해 확인이 가능하다.

6.7 값에 코딩하기

label variable을 통해 변수에 라벨을 붙였다면 숫자값에 라벨을 붙이는 것이 가능하다. 이 과정은 label define으로 값 라벨을 정의한 다음 label value로 숫자변수에 값 라벨을 덧씌우면 된다. 이는 특히 설문 문항과 연관된 변수를 생성할 때 용이할 것이다.

```
gen code=mod(_n,5)
replace code=5 if code==0
```

값 라벨을 씌우는 예시를 제시하기 위하여 code란 변수를 만들었다. 1, 2, 3, 4, 5 이렇게 시작하도록 만들기 위하여 우선 [gen code=mod(_n,5)]를 하였다. 그런데 각 줄의 숫자를 5로 나누고 난 나머지를 표시하는 것이기 때문에 1, 2, 3, 4, 0의 사이클로 변수값이 되어 있다. 그래서 0을 5로 바꾸기 위해 [replace code=5 if code==0]을 하였다.

```
label define like 1 "매우 안좋음" 2 "안좋음" 3 "보통" 4 "좋음" 5 "매우좋음" ,modify
```

그다음 새로운 값 라벨을 정하고자 like란 값 라벨을 label define을 사용하여 새롭게 정의내렸다. 각 자연수에 대응시킬 문자를 정할 때 가능하면 큰따옴표를 사용하는 것을 권장한다. 큰따옴표를 사용하지 않아도 작동되지만 1값을 "매우 안좋음"으로 코딩하는 것처럼 띄어쓰기가 하나의 문자값 안에 포함되어 있을 경우에는 반드시 큰따옴표를 넣어줘야 하기 때문이다. 마치 mpg변수에 변수라벨을 바꿀 때 양옆에 큰따옴표를 반드시 넣었던 것처럼 말이다.

또한 label define을 할 때 modify옵션을 넣는 것이 좋다. 마치 save 명령어를 사용할 때 replace옵션을 습관적으로 사용하는 것처럼, modify옵션을 명시하지 않으면 때때로 값 라벨이 이미 정의되어 있어 함부로 바꿀 수 없다며 Stata가 작동하지 않기 때문이다.

```
label list like
label values code like
```

```
. label list like
like:
        1 매우 안좋음
        2 안좋음
        3 보통
        4 좋음
        5 매우좋음
```

그림 6.11 값 라벨(value label) 확인하기

label define으로 값 라벨을 정의했다면, 값 라벨이 잘 정의됐는지 확인할 필요가 있다. 이때 [그림 6.11]처럼 label list를 사용하여 확인할 수 있다. 세로로 나오기 때문에 직관적으로 바로바로 확인할 수 있다. 그다음 내가 정의한 like 값 라벨을 code변수에 덧씌우면 code변수는 숫자변수이지만 글자색이 푸른색을 띠는, encode된 변수가 된다. 이때 label values를 사용하여 code변수에 like 값 라벨을 덧씌우면 [그림 6.12]처

럼 code변수는 푸른색의 글자가 된다. 당연하지만 code변수는 문자변수가 아닌 엄연한 숫자변수임을 잊어서는 안된다.

		make	price	mpg	rep78	headroom	trunk	weight	length	turn	displacement	gear_ratio	foreign	code
. label values code like														
. list code in 1/20	1	AMC Concord	4,099	22	3	2.5	11	2,930	186	40	121	3.58	Domestic	매우 안좋음
	2	AMC Pacer	4,749	17	3	3.0	11	3,350	173	40	258	2.53	Domestic	안좋음
	3	AMC Spirit	3,799	22	.	3.0	12	2,640	168	35	121	3.08	Domestic	보통
code	4	Buick Century	4,816	20	3	4.5	16	3,250	196	40	196	2.93	Domestic	좋음
1. 매우 안좋음	5	Buick Electra	7,827	15	4	4.0	20	4,080	222	43	350	2.41	Domestic	매우좋음
2. 안좋음	6	Buick LeSabre	5,788	18	3	4.0	21	3,670	218	43	231	2.73	Domestic	매우좋음
3. 보통	7	Buick Opel	4,453	26	.	3.0	10	2,230	170	34	304	2.87	Domestic	안좋음
4. 좋음	8	Buick Regal	5,189	20	3	2.0	16	3,280	200	42	196	2.93	Domestic	보통
5. 매우좋음	9	Buick Riviera	10,372	16	3	3.5	17	3,880	207	43	231	2.93	Domestic	좋음
	10	Buick Skylark	4,082	19	3	3.5	13	3,400	200	42	231	3.08	Domestic	매우좋음
6. 매우 안좋음	11	Cad. Deville	11,385	14	3	4.0	20	4,330	221	44	425	2.28	Domestic	매우 안좋음
7. 안좋음	12	Cad. Eldorado	14,500	14	2	3.5	16	3,900	204	43	350	2.19	Domestic	안좋음
8. 보통	13	Cad. Seville	15,906	21	3	3.0	13	4,290	204	45	350	2.24	Domestic	보통
9. 좋음	14	Chev. Chevette	3,299	29	3	2.5	9	2,110	163	34	231	2.93	Domestic	좋음
10. 매우좋음	15	Chev. Impala	5,705	16	4	4.0	20	3,690	212	43	250	2.56	Domestic	매우좋음
11. 매우 안좋음	16	Chev. Malibu	4,504	22	3	3.5	17	3,180	193	31	200	2.73	Domestic	매우 안좋음
12. 안좋음	17	Chev. Monte Carlo	5,104	22	2	2.0	16	3,220	200	41	200	2.73	Domestic	안좋음
13. 보통	18	Chev. Monza	3,667	24	2	2.0	7	2,750	179	40	151	2.73	Domestic	보통
14. 좋음	19	Chev. Nova	3,955	19	3	3.5	13	3,430	197	43	250	2.56	Domestic	좋음
15. 매우좋음	20	Dodge Colt	3,984	30	5	2.0	8	2,120	163	35	98	3.54	Domestic	매우좋음
16. 매우 안좋음														
17. 안좋음														
18. 보통														
19. 좋음														
20. 매우좋음														

그림 6.12   label values 사용과 그 결과

```
label dir
label drop like
```

우리가 만든 like 값 라벨 이외에 어떤 값 라벨이 있는지 확인하고 싶을 때 label dir을 사용하면 된다. 그리고 label drop like를 하면 like 값 라벨은 사라지게 된다. 그렇게 되면 like 값 라벨로 덧씌워졌던 code변수는 like 값 라벨이 사라졌기 때문에 검은색의 숫자변수로 돌아오게 됨을 알 수 있다.

6.8 rename

> rename price pprice

rename 명령어는 변수명을 바꾸는 명령어이다. 문법은 위에서 보면 알 수 있듯이 rename *옛날변수명 새로운변수명*이다. 그래서 price는 pprice로 바뀐다. 그런데 rename은 여러 변수명을 한꺼번에 바꿀 때도 사용 가능하다. 명령문창에 help rename을 치고 나서 푸른색의 rename group을 클릭하면 여러 변수명을 변경하는 방법이 나온다. 특히 이와 관련하여 4장에 소개된 와일드카드 *를 같이 사용하면 변수명을 효율적으로 변경할 수 있다. 특히 변수가 많을 경우, 데이터를 제공하는 측에서 변수명을 규칙적으로 정할 여지가 있다. 이때 와일드카드 *와 적절히 사용한다면 변수명을 효율적으로 일괄적으로 바꿀 수 있다.

```
des m*
ren m* hey_*
des hey_*
```

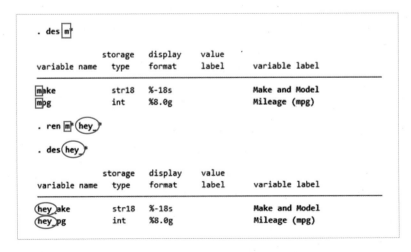

그림 6.13   rename 명령어와 와일드카드 * 사용(1)

[그림 6.13]처럼 des m*을 사용한 이유는 m으로 시작되는 모든 변수들을 세로로 보기 위함이다. 마치 tabulate 명령어를 한 변수의 unique한 값을 세로로 보기 위해 사용하는 것처럼 말이다. des m*을 통해 m으로 시작되는 변수가 make, mpg 두 개 있음을 알 수 있다. 그다음 이 두 변수의 이름을 hey_로 시작하도록 바꾸는 작업을 하기 위해 [ren m* hey_*]을 하였다. 그래서 des hey_*를 하면 hey_ake, hey_pg변수로 변수명이 바뀜을 알 수 있다.

```
des *_*
ren *_* *hi*
des *hi*
```

그림 6.14   rename 명령어와 와일드카드 * 사용(2)

이번에는 [그림 6.14]처럼 앞과 뒤가 무엇이든 간에 중간에 _가 들어간 변수들이 무엇이 있는지 des *_*를 통해 살펴보았다. 변수 3개(hey_ake, hey_pg, gear_ratio)가 있음을 체크했고 이 세 변수를 대상으로 _를 hi로 바꾸었다. 그래서 des *hi*를 한 결과 _가 hi로 바뀜을 알 수 있다.

```
ren *hi* (make mpg gear_ratio)
```

이 부분은 *hi*인 변수들 즉 heyhiake, heyhipg, gearhiratio의 이름을 각각 make, mpg, gear_ratio로 바꾸는 부분이 되겠다. 이렇게 하나씩 변수명을 바꾸고 싶을 경우, 괄호를 사용하여 바꾸어주면 된다.

```
des *t
ren *t *
des *
```

. des *t

variable name	storage type	display format	value label	variable label
weight	int	%8.0gc		Weight (lbs.)
displacement	int	%8.0g		Displacement (cu. in.)

. ren *t * ◯ ← t를 제거함

. des *

variable name	storage type	display format	value label	variable label
make	str18	%-18s		Make and Model
pprice	int	%8.0gc		Price
mpg	int	%8.0g		Mileage (mpg)
rep78	int	%8.0g		Repair Record 1978
headroom	float	%6.1f		Headroom (in.)
trunk	int	%8.0g		Trunk space (cu. ft.)
weigh	int	%8.0gc		Weight (lbs.)
length	int	%8.0g		Length (in.)
turn	int	%8.0g		Turn Circle (ft.)
displacemen	int	%8.0g		Displacement (cu. in.)
gear_ratio	float	%6.2f		Gear Ratio
foreign	byte	%8.0g	origin	Car type

그림 6.15 rename 명령어와 와일드카드 * 사용(3)

[그림 6.15]처럼 앞이 무엇이든 간에 끝이 t로 끝나는 변수들이 무엇이 있는지 des *t 를 통해 살펴보았다. 변수 2개(weight, displacement)가 있음을 체크했고 이 2변수를

대상으로 t를 없애주었다(ren *t *). *t와 *를 비교하면 후자는 t가 사라진 느낌이 들 것이다. 이런 식으로 특정 문자를 일괄적으로 없애고자 할 때 사용해주면 편하다. 그래서 des *를 한 결과 weight, displacement 두 변수에서 끝의 t가 사라졌음을 알 수 있다.

```
ren * v_*
des v_*

ren *,upper
ren * lower
```

ren * v_*에서 *는 모든 변수를 의미한다. 그런데 v_*와 비교하면 v_가 새롭게 생긴 느낌이 든다. 즉 ren * v_*은 모든 변수를 대상으로 변수명 앞에 v_를 붙인다는 뜻이 된다. 이때 des v_*를 해주면 모든 변수들의 이름이 세로로 결과창에 나오게 되며, 모두 v_로 시작됨을 알 수 있다. 한편 upper, lower옵션은 각각 대문자 소문자로 바꾸어주라는 옵션이다. 한 변수 이상으로 사용이 가능하다.

만약 이러한 와일드카드 *를 활용한 변수명 바꾸는 기능을 몰랐다면, 사용자는 분명 변수명을 일일이 수정하는 수고를 하였을 것이다. 그러나 이러한 기능을 활용한다면 사용자는 훨씬 쉽게 작업할 수 있다.

1. auto.dta 데이터를 연 다음 price가 5,000 이상 7,000 미만의 기초통계량이 어떻게 되는지 확인하기 위해 do파일을 어떻게 짜야 하는가?

2. rep78변수에 유니크(unique)한 변수는 각각 어느 변수들이 있는가? 그리고 이들의 빈도수는 어떻게 되는가? 이를 사용하기 위해 do파일을 어떻게 짜야 하는가?

3. list make if subinstr(make ,"Buick","",.)!=make를 do파일에 작성하고 실행해보자. 어떤 결과가 나오고 어떤 용도로 활용하면 좋을지 특히 if 뒤에 있는 표현으로 list 명령어 이외에 어떤 다른 명령어와 활용할 수 있을지 생각해보자.

4. 변수를 생성하는데 변수명은 num으로 난수생성함수인 runiformint함수를 사용하여 정수 1~5까지 난수를 생성하는데 1~5까지 값에 각각 one, two, three, four, five란 값으로 코딩을 해보자(단 값 라벨명은 number로 하는 것으로 하자).

7

오름차순, 내림차순
그리고 by

LEARNING OBJECTIVE

7장에서 데이터의 각 줄들을 오름차순으로 정렬하는 명령어인 sort를 소개하고자 한다. 그리고 sort를 쓰면 같이 사용하게 되는 by 명령어, 이 둘을 합친 bysort 명령어도 소개하고자 한다. 처음에는 by가 익숙하지 않을 수 있다. 하지만 반드시 알아두어야 되는 명령어이고 by를 잘 이해하면 다른 명령어에 사용되는 by옵션도 잘 이해할 수 있다. 같은 의미이기 때문이다.

CONTENTS

7.1　오름차순으로 정렬하는 sort와 ~마다 by

7.1.1　sort x

```
use 예제.dta,clear

sort x
list ,sepby(x)
```

그림 7.1　sort 명령어 사용 결과

sort x를 사용하면 x를 기준으로 오름차순으로 자료가 정렬된다. [그림 7.1]처럼 list 명령어를 사용하면 어떻게 정렬되는지 명확하게 알 수 있을 것이다. 또한 Stata 화면의 우측 하단에 보면 정렬기준 부분이 있는데, 이를 통해 자료가 무엇으로 정렬됐는지(오름차순) 알 수 있다. 즉 예제파일을 열어보면 정렬기준이 비어 있는데, sort x 명령어를 사용하고 나서 정렬기준을 보면 x가 생겼음을 알 수 있다. 이 부분을 통해서 자료가 어떤 변수를 기준으로 각 관측수가 정렬되는지 짐작할 수 있다.

7.1.2 by

by 명령어는 서두에서 소개했듯이 sort 명령어와 더불어 사용하는 명령어다. 주의할 점은 by는 반드시 오름차순으로 정렬되어야 사용 가능하다는 점이다. 그렇지 않으면 by를 쓸 수 없다. 일단 문법을 소개하면 아래와 같다.

> by 변수리스트: *Stata 명령문*

by는 어떤 Stata 명령문을 특정 변수를 기준으로 나누어서 반복 작업을 해달라는 명령어이다. 쉽게 말해 by를 보면 "~마다"라고 생각하면 된다. 예를 들어 [by x:]를 보면 "x마다"라고 생각하면 된다는 뜻이다. 그래서 x의 값이 달라질 때 x가 달라졌기 때문에 그 달라진 값들에 대한 작업을 새로이 작업하라는 뜻이 된다.

```
by x : gen no=_n
list ,sepby(x)

by x: su y
```

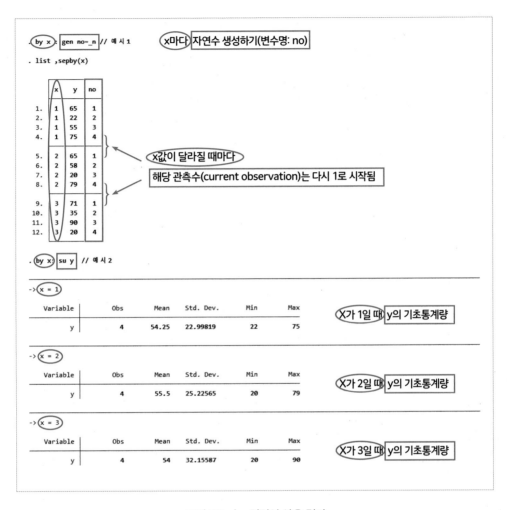

그림 7.2   by 명령어 사용 결과

　　[그림 7.2]의 작업은 sort x로 x를 기준으로 오름차순으로 정렬이 선행됐기 때문에 작동이 됨을 기억해야 한다. 즉 sort x를 하고 나서 by x가 가능하며, sort y를 하고 난 후 by x: 명령어는 작동하지 않는다는 뜻이다. 이 경우 x가 아닌 y를 기준으로 오름차순으로 정렬됐기 때문이다. [그림 7.2]의 [by x: gen no=_n]을 보자. by x : 를 했으므로 반복 작업의 기준은 x변수가 된다. gen no=_n를 했으므로 no변수에는 자연수가 생성된다. 1~4줄까지의 x값은 1이므로 no는 1, 2, 3, 4가 생성된다. 그런데 5~8줄까

지는 x값이 1→2로 달라졌다. 그러면 해당 관측수(current observation)는 5번째 줄이 아니라 1번째 줄이 된다. 즉 자연수 생성작업은 결과적으로 5줄부터 1로 시작된다. 이는 x값이 새로이 달라지는 9~12줄에도 동일한 작업이 시행된다. 바꾸어 말하면 [by x: gen no=_n]은 "x마다" 자연수를 생성하는 작업이 된다.

[그림 7.2]의 [by x: su x]를 보자. by 명령어를 사용한 다른 예시이다. x값이 1, 2, 3로 3가지 종류이기 때문에 summarize 작업이 3번 반복됨을 알 수 있다. 평균(mean)을 예로 들면, x가 1인 경우의 작업(1번째 작업)이 이루어져 첫 번째 평균은 54.25[=(65+22+55+75)/4]가 된다. 그리고 x==2로 달라졌으므로 두 번째 summarize 작업이 이루어지는데 2번째 작업의 평균은 55.5[=(65+58+20+79)/4]가 되는 것이다. 즉 이렇게 x마다(by x) y의 요약통계량을 구하는 작업이 수행되는 것이다.

한편 by가 되는 명령어가 있고 안되는 명령어가 있다. 이를 알려면 help 명령어를 사용하여 되는지 안되는지 확인하면 된다.

7.2 ▶ sort와 by를 합친 bysort

7.2.1 bysort

bysort 변수리스트: *Stata 명령문*

```
use 예제.dta,clear

bysort x: gen no=_n
bys x: su y
```

앞에서 by x를 하려면 반드시 x변수를 기준으로 오름차순의 정렬이 선행되어야 한다고 언급한 바 있다. 그래서 Stata에서는 이 둘을 합친 bysort라는 명령어가 존재한다. 예제 do파일에서 bysort x: gen no=_n을 예를 들면 sort x하고 나서 by x: gen no=_n을 한 결과와 일치하게 된다. 그래서 이 부분을 실행하면 정확하게 [그림 7.2]와 일치하게 된다.

7.2.2 bysort를 사용 시 주의해야 하는 경우

	x	y	no
1.	1	22	1
2.	1	55	2
3.	1	65	3
4.	1	75	4
5.	2	20	1
6.	2	58	2
7.	2	65	3
8.	2	79	4
9.	3	20	1
10.	3	35	2
11.	3	71	3
12.	3	90	4

<내가 원한 의도>
x 및 y로 오름차순으로 정렬한 다음
x마다 자연수 생성하기

그림 7.3 내가 원했던 데이터 작업

그런데 bysort 사용할 때 주의할 점이 있다. [그림 7.3]과 같은 데이터 작업을 할 때 실수하기 쉬운 부분이다. [그림 7.3]은 앞서 [그림 7.2]의 첫 번째 예시처럼 x마다 자연수를 만드는 작업인 것은 맞다. 그러나 차이점은 x변수뿐만 아니라 y변수 또한 같이 오름차순으로 정렬한 후 x마다 자연수를 생성하는 작업이다. 그래서 쉽게 생각하면 bysort x y : gen no=_n을 하면 될 것 같다. 그러나 결과는 어떻게 나오게 될까?

1 bysort 사용 시 실수하기 쉬운 부분

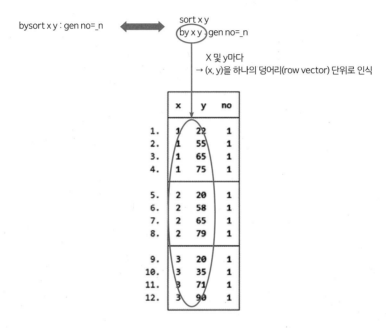

그림 7.4   bysort 사용 시 실수하기 쉬운 부분

　　bysort x y : gen no=_n을 한 결과는 [그림 7.4]처럼 모든 관측수의 no 값은 1이 된
다. 내가 원했던 의도는 [그림 7.3]처럼 x마다 자연수로 나오게 하고 싶었지만 그러지
못했다. 그 이유는 무엇인가? bysort x y : gen no=_n를 두 개로 분리함으로써 답을
찾을 수 있다. 두 개로 분리하면 sort x y와 by x y : gen no=_n가 된다. 문제는 바로
by x y : gen no=_n 부분의 by x y에 있다. by x y를 말로 풀면 "x 및 y마다"가 된다.
이 말은 (x, y)를 하나의 덩어리 단위[1]로 보겠다는 뜻이 된다. 예를 들어 x==1인 줄은 4
줄이지만 (x, y)==(1, 22)인 줄은 1번째 줄 단 한 줄밖에 없다는 뜻이다. (x, y) 덩어리
를 하나의 값으로 보기 때문에 이러한 관점에서 예제데이터를 보면 "x 및 y마다" 한 줄

1　쉬운 말로 덩어리라고 표현했지만 표현을 달리하면 행벡터(row vector)가 됨

씩 있다는 뜻이 되며 각 관측수가 x와 y로 구분이 된다. 바꾸어 말하면 (x, y)==(2, 65)인 줄은 단 한 줄밖에 없으며 7번째 줄을 가리킴을 의미한다. 그렇다면 이것에 대한 해결책은 by x y : gen no=_n을 수정하면 된다.

2 제대로 하기 위해서

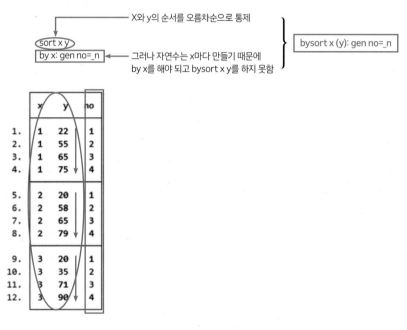

그림 7.5   bysort 사용 시 실수하기 쉬운 부분 교정

바로 [그림 7.5]처럼 by x : gen no=_n을 해주면 된다. 즉 sort x y를 해줌으로써 x와 y를 오름차순으로 순서를 통제하되 자연수는 "x마다" 생성하기 때문에 by 부분에서 by x를 해주면 된다. 이렇게 bysort가 좋은 기능이지만 자칫하면 이러한 실수를 범할 수 있으니 sort와 by를 구분해서 써야 될 때가 있다. 그런데 사실 bysort로 표현하는 게 불가능한 것은 아니다. [그림 7.5]의 우측 상단 부분처럼 bysort를 쓰되 y 부분에 괄호를 취하면 된다[bysort x (y): gen no=_n]. 이렇게 되면 sort x y와 by x를 한 효과를 줄 수 있기 때문이다. 다만 이는 sort와 by를 함에 있어서 이해가 선행되어야 제대로 사

용할 수 있다. 그래서 [그림 7.3]과 같은 작업을 할 시 처음엔 sort와 by를 분리하여 사용하다가, 익숙해지면 괄호를 취한 bysort옵션을 사용하는 것을 추천한다.

3 _N의 두 번째 의미

```
drop in 8/10
by x: gen N=_N
list ,sepby(x)
```

그림 7.6   _N의 두 번째 의미

4장에서 _N의 두 번째 의미가 현재 그룹의 관측수의 총 개수(the number of observations in the current group)라고 언급한 바 있다. by 명령어를 이해했다면 이제 _N의 두 번째 의미를 이해할 수 있다. 이를 위해 예제 do파일에서 일부로 8~10번째 줄을 지웠다[drop in 8/10]. [그림 7.6]처럼 x변수 내의 1의 개수와 2의 개수, 그리고 3의 개수를 달리하기 위해서다. 이때 by x: gen N=_N을 해주면 x마다 관측수의 총개수, 즉 총 줄의 개수가 값으로 들어가게 된다. x==2인 경우를 예로 들면, x==2인 관측수의 총 개수, 줄의 수는 3이기 때문에 5~8줄의 N값은 모두 3이 된다. x마다의 의미를 잘 생각해보면 x값에 따라 그룹을 묶게 된다는 걸 알 수 있다. 그래서 _N의 두 번째 의미인 현재 그룹(the current group)이 x마다 나뉜 각 값의 그룹이 되는 것이다. 이러한 현재 그룹의 관측수의 총 개수, 총 줄의 수는 각 x값들이 몇 개가 있는지에 따라 달라지기 때문에 일괄적으로 같아질 수 없으며 x==1일 때 _N==4가 되며 x==2일 때는 _N==3, x==3일 때 _N==2가 되는 것이다.

7.3 오름차순을 포함하여 내림차순 할 시 좋은 gsort

gsort +x		gsort -x		gsort -x + y	

	x	y
1.	1	22
2.	1	55
3.	1	65
4.	1	75
5.	2	65
6.	2	20
7.	2	79
8.	2	58
9.	3	20
10.	3	71
11.	3	35
12.	3	90

	x	y
1.	3	71
2.	3	90
3.	3	20
4.	3	35
5.	2	79
6.	2	58
7.	2	20
8.	2	65
9.	1	22
10.	1	75
11.	1	65
12.	1	55

	x	y
1.	3	20
2.	3	35
3.	3	71
4.	3	90
5.	2	20
6.	2	58
7.	2	65
8.	2	79
9.	1	22
10.	1	55
11.	1	65
12.	1	75

그림 7.7 오름차순 및 내림차순도 가능한 gsort

sort 명령어는 오름차순만 된다는 단점이 있다. 그러면 내림차순을 하기 위해선 어떻게 해야 할까? gsort 명령어를 사용하면 된다. gsort 명령어는 sort처럼 오름차순뿐만 아니라 내림차순 정렬도 가능하다. [그림 7.7]처럼 +는 오름차순을 −는 내림차순을 의미한다. sort를 이해했다면 gsort도 어렵지 않게 이해할 수 있으며 [그림 7.7]의 세 번째 사진처럼 내림차순 및 오름차순이 가능하며 역으로 gsort +x −y로 오름차순 및 내림차순이 가능하다.

7.4 sort와 by의 사용 용례(with reshape & concat)

	x	num
1	1	22, 55, 65, 75
2	2	20, 58, 65, 79
3	3	20, 35, 71, 90

숫자 사이에 콤마(,)를 넣으며
오름차순으로 나열

그림 7.8   x값마다 가로로 정렬된 y값들

sort와 by를 사용한 예시 작업을 간단히 소개하면, 예시자료를 토대로 [그림 7.8]처럼 x변수별로 y값들을 옆으로 나열하는데 그냥 배열하는 것이 아니라 y의 오름차순 순서를 고려하면서 나열하고자 하는 작업이다. 또한 배열함에 있어서 값들 사이사이에 콤마를 넣으며 오름차순으로 나열하고자 한다.

```
use 예제.dta,clear

sort x y
by x : gen no=_n

reshape wide y ,i(x) j(no)
egen num=concat(y*) ,p(", ")
keep x num
```

그림 7.9   concat egen함수 사용(reshape wide 사용 후)

[sort x y]와 [by x: gen no=_n]하는 부분은 [그림 7.5]에서의 작업 부분이다. 그 다음 reshape wide를 사용하여 [그림 7.9]처럼 x마다 옆으로 늘여 놓는다(reshape 명령어는 10장에서 자세히 소개될 것이니 일단 어떻게 작동되는지 간단하게 보고 넘어가도록 하자). 그다음 x값마다 옆으로 나열한 y값들을 하나의 셀 안에 놓기 위해 concat egen함수를 사용하면 된다.

egen함수는 extension to generate의 약자로 새로운 변수를 생성하고 그 변수에 고차원적인 작업 결과를 집어넣는 함수다. egen함수는 오직 egen 명령어 안에서 사용되며 새로운 변수를 만들며, 대체하지 않는다는 특징이 있다. concat도 여러 egen함수 중에 하나이며 concat함수 이외에 여러 egen함수가 있다. concat함수는 concatenate, 즉, 여러 변수의 값들을 사슬처럼 이어서 하나로 합쳐주는 함수로서 엑셀의 concatenate함수 역할을 수행한다. 그런데 이 함수의 장점은 p옵션을 통하여 사슬처럼 잇고자 하는 값들 사이에 다른 문자를 추가하는 것이 가능하다는 점이다. 그래서 p옵션에 ", "를 넣음으로써 y값 사이에 콤마와 띄어쓰기를 넣었다. 우리가 합치고자 하는 변수들(y1, y2, y3, y4)의 공통점은 모두 y로 시작되는 변수들이므로 4장에서 소개된 와일드카드 *를 활용하여 괄호 안에 y*를 넣었다.

이렇게 by와 sort, reshape, concat egen함수, 와일드카드 *를 활용하면 [그림 7.9]와 같은 데이터 작업을 손쉽게 해결할 수 있을 것이다. 이 작업을 소개한 의도는 by와 sort의 활용 예시를 보여주는 것만 아니라 Stata로 데이터 작업을 뚝딱뚝딱 해결할 수 있음을 보여주기 위한 것이었다. 특히 비록 소개되지는 않았지만 강력한 reshape 명령어[2], 값들 사이에 콤마를 넣게 해주어 옆으로 합쳐주는 concat egen함수, 그리고 여러 변수들을 편하게 지정해주는 와일드카드 *등 Stata에서 제공하는 편리한 기능들을 활용하면서 말이다. 이러한 기능들을 잘 이해한다면, 여러 방면으로 응용이 가능할 것이다.

---

2 10장에서 자세히 소개될 것임

1. 7장문제.dta파일을 연 다음 generate year=year(date), generate month=month(date)를 do파일에 치고 실행하여 연도변수 year와 월변수 month를 만들어보자. 그다음 by와 sort를 잘 활용하여 매월 셋째 주 금요일만 도출해보자.

8

밑으로 합치는 명령어,
append

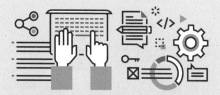

LEARNING OBJECTIVE

8장에서 소개될 명령어는 append라는 명령어다. 데이터 작업할 시 두 개의 데이터를 하나로 합치는 경우가 많을 것이다. 그중 append는 자료를 밑으로 합치는 명령어다. 자료를 어떻게 합치는지 알아보자.

CONTENTS

8.1 자료 살펴보기

	이름	조	일차	제기차기	팔굽혀펴기	수학점수
1.	김철수	A	1	20	83	59
2.	사마천	B	1	33	67	51
3.	이형희	B	1	35	56	59
4.	제갈량	B	1	45	62	87
5.	조두식	A	1	27	62	44

<1일차 자료>

	수학점수	팔굽혀펴기	이름	조	일차	제기차기	통학시간
1.	65	81	김철수	A	2	26	50
2.	53	73	사마천	B	2	50	40
3.	64	46	이형희	B	2	36	32
4.	90	63	제갈량	B	2	46	12
5.	45	70	조두식	A	2	29	22

<2일차 자료>

그림 8.1   1일차 자료, 2일차 자료

[그림 8.1]에서 보면 알 수 있듯이 1일차 자료(1일차.dta)와 2일차 자료(2일차.dta)의 구조는 큰 차이가 없으나 2일차 자료에는 1일차에 없는 변수인 통학시간이란 변수가 포함되어 있고 변수명 순서가 1일차 자료의 순서와 다르다. 이때 append를 하면 어떻게 합쳐지게 될까?

8.2 ▶ append

8.2.1 master 자료, using 자료

append는 두 개의 자료를 하나로 합치는 명령어라고 언급하였다. 그래서 합치려는 두 개의 자료에 대해 master 자료, using 자료라는 명칭이 있다. master 자료란 Stata에 업로드된 상태에서 합칠 때 기준이 되는 자료를 의미한다. 쉽게 말해 데이터 편집기에 있는 자료라고 생각하면 될 것이다. using 자료는 master 자료와 합치려고 하며 Stata 에 업로드되어 있지 않고 다른 저장장치에 저장된 자료를 말한다. 다른 저장장치는 하드디스크가 될 수도 있고, 인터넷에 저장된 자료가 될 수도 있다. 8장의 예시자료의 경우, 1일차 자료(1일차.dta)를 master 자료로 삼아서 append하고자 한다.

✓ master 자료, using 자료

Stata에서는 두 개의 자료를 합칠 때 master 자료, using 자료로 구분함

- **master 자료**: master 자료란 Stata에 업로드된 상태에서 합칠 때 기준이 되는 자료

- **using 자료**: master 자료와 합치려고 하며 Stata에 업로드되어 있지 않고 다른 저장장치(하드디스크, 인터넷)에 저장된 자료

8.2.2 append

```
append using 2일차.dta
list ,ab(15) sepby(일차)

sort 이름  일차
list ,ab(15) sepby(이름)
```

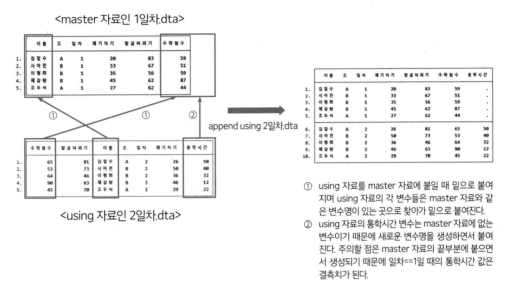

그림 8.2 append의 과정

append 명령어는 자료를 밑으로 붙이는 명령어다. 그런데 밑으로 붙일 때 단순하게 곧바로 밑으로 붙일 수는 없다. using 자료의 각 변수가 master 자료의 어느 변수에 붙을지에 대한 기준이 필요하다는 뜻이다. 이때 무엇이 그 기준의 역할, key 역할을 수행할까? 바로 변수명(variable name)이 그 역할을 한다. 그렇기 때문에 [그림 8.2]처럼 2일차.dta파일의 변수명 순서가 1일차.dta파일과 달리 있어도 같은 변수명이 있는지 살펴보아 master 자료의 같은 변수명 쪽으로 붙게 되는 것이다.

한편 통학시간변수처럼 using파일에만 있는 변수는 새로이 변수를 생성하면서 붙게 된다. 다만 밑으로 "쌓아가며" 붙는 방식이기 때문에 첫째 줄에 바로 붙지 않으며 master파일의 끝부분에 붙는 방식이 된다. 그래서 append 하고 나서 통학시간 변수를 보면 일차의 변수값이 1이면(일차==1) 통학시간의 변수값은 모두 결측치가 되는 것이다.

	이름	조	일차	제기차기	팔굽혀펴기	수학점수	등학시간
1.	김철수	A	1	20	83	59	.
2.	김철수	A	2	26	81	65	50
3.	사마천	B	1	33	67	51	.
4.	사마천	B	2	50	73	53	40
5.	이형희	B	1	35	56	59	.
6.	이형희	B	2	36	46	64	32
7.	제갈량	B	1	45	62	87	.
8.	제갈량	B	2	46	63	90	12
9.	조두식	A	1	27	62	44	.
10.	조두식	A	2	29	70	45	22

주: append 하고 나서 이름 및 일차별로 오름차순 정렬함(sort 이름 일차)

그림 8.3   append의 결과

append를 하고 나면 일차별로 붙어 있는데 데이터의 정렬을 [그림 8.3]처럼 이름 및 일차별로 오름차순으로 정렬하면 ID가 이름변수이고 시간이 일차변수인 패널자료가 된다.

8.2.3 append 사용 시 주의할 점

```
use 1일차,clear

tostring 제기차기, replace
append using 2일차.dta ,force
list ,ab(15) sepby(일차)
```

그런데 2장의 언급된 문자변수, 숫자변수의 내용과 연결 지어 생각해보자. master 자료, using 자료에 모두 존재하는 변수이지만 한 쪽은 문자변수이고, 다른 한 쪽은 숫자변수라면 과연 append가 원활히 작동이 될까? 안된다. 이를 위해 예제 do파일에는

1일차 자료를 열고나서, 제기차기를 문자변수로 변환했다(tostring 제기차기,replace). 문제는 append를 하고자 force옵션을 사용한 경우다. 합쳐지긴 하는데 결과는 과연 어떻게 나올까?

	이름	조	일자	제기차기	팔굽혀펴기	수학점수	통학시간
1	김철수	A	1	20	83	59	.
2	사마천	B	1	33	67	51	.
3	이형희	B	1	35	56	59	.
4	제갈량	B	1	45	62	87	.
5	조두식	A	1	27	62	44	.
6	김철수	A	2		81	65	50
7	사마천	B	2		73	53	40
8	이형희	B	2		46	64	32
9	제갈량	B	2		63	90	12
10	조두식	A	2		70	45	22

force 옵션으로 인해 2일차 제기차기의 값들이 사라짐

그림 8.4   append 사용 시 주의할 점

[그림 8.4]에 나온 것처럼 합쳐지나, 2일차의 제기차기의 값은 결측치로 나와버린다. 숫자변수든, 문자변수든 하나의 기준으로 맞춰서 합치기 때문이다. 그러나 2일차의 제기차기의 값이 사라진 채로 합쳐진다. 그래서 append를 할 때 이러한 점을 특히 주의해야 한다. 보존되어야 숫자값, 정보가 사라져선 안되기 때문이다. 이러한 경우, 5장에 소개된 대로 문자변수→숫자변수로 바꾸어 1일차 자료의 제기차기 변수의 속성과 2일차 자료의 제기차기 변수의 속성을 숫자변수로 통일시키고 나서 합쳐야 된다. 이러한 현상 때문에 필자는 force옵션의 사용을 추천하지 않는다.

1. 달린거리칼로리소모량.xlsx 파일의 각 시트의 자료를 읽어들여 저장한 뒤, 아래 그림과 같은 형태의 자료를 구축해보자.

   HINT　아래 그림과 같은 자료는 패널자료로서 long form 형태의 자료이며 10장에 나옴. 일차자료의 변수 조정은 order 명령어를 사용하면 됨

	이름	일차	달린거리	칼로리소모량
1.	김아무개	1	2948.575	29473.633
2.	김아무개	2	2925.0911	29252.232
3.	김아무개	3	2864.5835	28634.557
4.	김아무개	4	2934.7405	29341.58
5.	김아무개	5	3003.2886	30044.213
6.	박아무개	1	2938.1018	29380.912
7.	박아무개	2	2904.3938	29037.533
8.	박아무개	3	3071.032	30709.502
9.	박아무개	4	2998.2854	29991.76
10.	박아무개	5	3179.3088	31789.561
11.	이아무개	1	2935.8687	29334.023
12.	이아무개	2	3091.3792	30904.92
13.	이아무개	3	2943.4937	29448.074
14.	이아무개	4	2937.3059	29385.537
15.	이아무개	5	3003.2974	30015.514

2. 상기 1번 문제처럼 nlswork.xlsx 파일의 각 시트의 자료를 읽어들여 저장한 뒤, 패널 long form 자료를 완성해보자.

9

옆으로 합치는 명령어,
merge

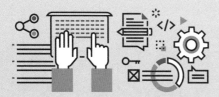

LEARNING OBJECTIVE

9장에서 소개될 명령어는 merge라는 명령어다. 앞서 8장에 소개된 append는 자료를 밑으로 합치는 명령어라면 merge는 옆으로 합치는 명령어이다. 밑으로 붙이는 작업은 쉽게 감 잡을 수 있지만 옆으로 합친다는 개념이 낯설 수 있다. 하지만 낯선 것이지 어려운 것이 아니기에 차근차근 따라온다면 merge 명령어를 잘 사용할 수 있을 것이다.

CONTENTS

9.0 들어가기

9.0.1 옆으로 합치기

이름	제기차기	팔굽혀펴기
김철수	20	83
사마천	33	67
이형희	35	56

+

이름	수학점수
사마천	51
이형희	59
제갈량	87
조두식	44

<master 자료>　　　키변수: 이름　　<using 자료>

이름	제기차기	팔굽혀펴기	수학점수
김철수	20	83	.
사마천	33	67	51
이형희	35	56	59
제갈량	.	.	87
조두식	.	.	44

그림 9.1 옆으로 합치기

[그림 9.1]와 같이 master 자료(마스터.dta)와 using 자료(using.dta)를 합치고 싶을 경우 아래 화살표처럼 합치고 싶을 것이다. 이러한 과정에서 옆으로 합쳐야 한다는 느낌이 들 것이다. master 자료와 using 자료가 둘 다 각 사람에 대한 자료인데 전자는 제기차기, 팔굽혀펴기의 자료이며 using 자료는 수학점수에 대한 자료이며, 이름을 보면 master 자료와 using 자료에 공통된 이름이 존재하기 때문이다. 그래서 만약 합친다면 master 자료를 기준으로 붙이기 때문에 수학점수란 새로운 변수가 만들어지면서 합쳐질 것이다. 그런데 생각해보자. append를 통해 밑으로 합칠 때도 곧바로 밑으로 합칠 수 없듯이, merge를 통해 옆으로 합칠 때 master 자료에 한 번에 붙일 수 없다. 한 번에 붙일 수 없기 때문에 어떤 기준이 필요하다. 마치 append를 할 때 변수명(variable name)이 기준이 됐듯이 말이다. merge의 경우는 무엇이 기준이 되는가? [그림 9.1]의 경우 이름이란 변수의 값이 옆으로 붙일 때 기준이 될 것이다. 각 사람의 대한 제기차기, 팔굽혀펴기뿐만 아니라 수학점수가 필요한 상황이 되기 때문이다. 이렇게

옆으로 붙이는 경우, 이름변수처럼 기준이 되는 변수를 잡아 옆으로 합쳐야 된다. 이때, 이름변수처럼 기준이 되는 변수를 키변수(key variable)라고 부른다. 이를 append와 비교하여 정리하면 [표 9.1]과 같다.

표 9.1   append 및 merge 합치기 개념 비교

구분	append	merge
합치는 방식	밑으로 합치기	옆으로 합치기
합칠 때 기준주)	변수명(variable name)	기준이 되는 변수(키변수: key variable)의 변수값

주: 두 자료를 합칠 때 곧바로 합칠 수 없기 때문에 기준이 필요함

9.0.2 merge 문법

merge 1:1 / m:1 / 1:m / m:m *변수리스트* using 파일명 [, *옵션들*]

merge 문법을 보면 변수리스트가 있음을 알 수 있는데, 여기에 키변수를 입력하면 된다. 그리고 변수명(variable name)이 아닌 변수리스트(varlist)로 나와 있으므로 변수 한 개 이상을 입력할 수 있다. 즉 키변수를 정할 때 변수 한 개 이상을 설정할 수 있음을 알 수 있다. 그리고 파일명 앞에 using이란 글자가 있는데 이 글자는 반드시 들어가야 한다.

merge와 변수리스트 사이에 1:1, m:1, 1:m, m:m 4가지 콜론(:)이 있는데, 콜론을 기준으로 왼쪽은 master 자료를 의미하며, 오른쪽은 using 자료를 의미한다. 그리고 1은 키변수의 값이 유니크함을 의미하며 m은 중복값이 있음을 의미한다. 즉 1:1은 master 자료, using 자료의 키변수 모두의 값이 중복 없이 유니크함을 의미하며, m:1은 master

자료의 키변수의 값은 중복값이 있는 반면, using 자료의 키변수의 값은 중복 없이 유니크함을 의미한다. 이와 관련하여 자세한 것은 각 merge 예시를 통해 살펴보도록 하자.

9.1 ▶ 1:1 merge

9.1.1 1:1 merge

```
use 마스터.dta,clear
merge 1:1 이름 using 유징.dta
```

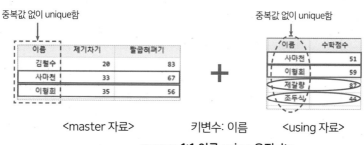

중복값 없이 unique함 → <master 자료>   키변수: 이름   중복값 없이 unique함 → <using 자료>

merge 1:1 이름 using 유징.dta

☐ using 자료에서 이름이 사마천인 1번째 줄은 master 자료에서 이름의 값이 사마천인 그 줄에 옆으로 붙여지게 되며, using 자료에서 이름이 이형희인 2번째 줄은 master 자료에서 이름의 값이 이형희인 그 줄에 옆으로 붙여지게 됨. 그렇기 때문에

(사마천, 33, 67)→ (사마천, 33, 67, 51)
(이영희, 35, 56)→ (이영희, 35, 56, 59)

로 바뀜

◯ 제갈량, 조두식이란 이름은 using 자료엔 있지만, master 자료엔 없기 때문에 master 자료에서 새로운 줄이 생성됨. 즉

(제갈량, , ,87)
(조두식, , ,44)

라는 새로운 두 줄이 생성됨

⬚ 실제 master 자료, using 자료의 키변수 모두 중복값이 없기 때문에 1:1이 정석. 대신 m:m 사용 가능함

그림 9.2   1:1 merge

1:1 merge는 [그림 9.2]처럼 이루어진다. using 자료의 각 줄을 master 자료에 붙이는데, 곧바로 붙일 수 없기 때문에 키변수로 삼은 이름변수의 변수값을 체크하며 붙는다. using 자료의 첫 번째 줄, 두 번째 줄을 보자. using 자료에서 이름이 사마천인 첫 번째 줄은 master 자료에서 이름값이 사마천인 그 줄의 옆에 붙게 되며, using 자료에서 이름이 이형희인 2번째 줄은 master 자료에서 이름값이 이형희인 그 줄에 옆으로 붙게 된다. 결과적으로 이들 줄은 master 자료에 각각 두 번째 줄, 세 번째 줄에 붙는다. 그래서 master 자료에는 수학점수라는 새로운 변수가 추가되며, master 자료에서 사마천에 대하여 (이름, 제기차기, 팔굽혀펴기)=(사마천, 33, 67)→(이름, 제기차기, 팔굽혀펴기, 수학점수)=(사마천, 33, 67, 51)로 바뀐다. 조두식에 대해서도 마찬가지로 (이름, 제기차기, 팔굽혀펴기)=(이영희, 35, 56)→(이름, 제기차기, 팔굽혀펴기, 수학점수)=(이영희, 35, 56, 59)로 바뀐다.

한편 using 자료에 네 번째 줄과 다섯 번째 줄은 어떻게 합쳐지게 될까? 제갈량, 조두식이란 이름은 using 자료에는 있지만, maste 자료에는 없기 때문에 master 자료에서 새로운 줄이 생성되면서 합쳐진다. 즉 master 자료에서 제갈량에 대하여 (이름, 제기차기, 팔굽혀펴기, 수학점수)=(사마천, , , 87)라는 새로운 줄이 생성된다. 조두식에 대해서도 마찬가지로 (이름, 제기차기, 팔굽혀펴기, 수학점수)=(조두식, , , 44)라는 새로운 줄이 생성된다.

이때 두 개의 자료를 옆으로 합칠 때 사용된 Stata 코드를 보면 merge 1:1로 시작된다. master 자료의 이름변수를 보면 김철수, 사마천, 이형희라는 이름이 있으며 이들 값들은 중복된 이름 없이 unique 했음을 알 수 있다. 그렇기 때문에 콜론을 기준으로 왼쪽 부분은(master 자료이므로) 1이 된다. using 자료의 이름변수 역시 사마천, 이형희, 제갈량, 조두식이라는 이름이 있으며 이들 값들은 중복된 이름 없이 unique 했음을 알 수 있다. 그렇기 때문에 콜론을 기준으로 오른쪽 부분은(using 자료이므로) 1이 된다. 그런데 이렇게 적어도 한쪽 자료의 키변수의 값이 중복값이 unique한 경우는 사실 merge m:m으로 써도 결과는 동일하게 나온다. merge m:m을 사용하면 안되는 상황도 존재하는데 이는 9.3에서 자세히 설명할 것이다.

9.1.2 merge 후 결과 확인하기

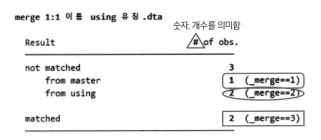

그림 9.3 merge 후 결과 확인하는 방법

merge를 하면 [그림 9.3]처럼 결과창에 이상한 것이 뜨고 데이터엔 _merge라는 변수가 생성된다. 이는 merge 하고 나서 꼭 체크해야 하는 중요한 부분이다. 결과창엔 master 자료의 각 줄과 using 자료의 각 줄이 키변수를 기준으로 잘 합쳐졌는지 보여준다. #은 숫자를 의미하며 obs는 observation의 약자로 관측수를 의미한다. 따라서 # of obs는 줄의 개수를 의미한다. matched란 매치가 잘 됐다는 뜻으로 잘 붙여졌다는 뜻이다. 우리가 사용한 예시자료(마스터.dta, 유징.dta)를 예로 들면 사마천과 이형희가 되겠다. 이 두 이름이 포함된 줄은 master 자료에도 있었고, using 자료에도 같이 있었던 이름이기 때문에 merge 할 때 매치가 되었고 matched가 되는 것이다. 그래서 결과창에 matched의 줄의 개수(# of obs)는 2라는 숫자가 나오게 되는 것이며 데이터창에 이름이 사마천인 줄과 이형희라는 줄의 _merge의 변수값은 모두 matched(3)로 뜨는 것이다. 그런데 matched 괄호 안에 3이라는 숫자가 있고, 결과창에는 (_merge==3)이 있다. 이 뜻은 이름이 사마천 이형희의 경우처럼 매치가 된 줄의 _merge의 변수 값은 3이라는 것을 의미한다. 그런데 데이터창에는 3이라고 나와 있지 않고 matched(3)

라고 되어 있다. 그러나 이 글자의 색깔이 푸른색임에 착안해야 한다. 보이는 것은 matched(3)이지만 컴퓨터가 인식하는 값은 3이다.

matched가 된 것이 있다면 not matched된 것이 있다. 그 옆에 3이라는 숫자가 있는데 matched가 안된 줄이 3줄이 있음을 알려주고 있다. 왜 matched가 안됐는지 하위 카테고리로 from master와 from using을 보여주는데, 각각 master 자료에는 있지만 using 자료에는 없는 줄들, using 자료에는 있지만 master 자료에는 없는 줄들을 의미한다. 전자의 사례인 from master는 이름이 김철수인 줄이다. master 자료에는 있었지만 using 자료에는 없다. 그래서 결과창에 from master에 속한 경우가 되며(_merge==1) 데이터창에 master only(1)의 값이 부여된 것이다. 즉 _merge의 변수값은 1임을 뜻한다. from using의 경우는 제갈량과 조두식의 경우다. 이 둘은 김철수와 다르게 using 자료에는 있었지만 master 자료에는 없다. 그래서 결과창에 from using에 속한 경우가 되며(_merge==2) 데이터창에 using only(2)의 값이 부여된 것이다. 즉 _merge의 변수값은 2임을 뜻한다.

9.2 ▶ m:1 merge

9.2.1 자료 살펴보기

m:1 merge를 하기 전에 자료에 대해 간략히 언급하고자 한다. 1:1 merge가 이해되었더라도, m:1 merge가 어떤 merge인지 쉽게 감이 잡히지 않을 수 있기 때문이다. 두 개의 자료를 소개하고, 어떻게 결합하는지 보여주면 독자들이 m:1 merge이 왜 필요한지 깨닫고, 그 활용을 이해하는 데 도움이 될 것이라 생각된다.

```
use 문항점수없음.dta,clear
list ,sepby(이름)

use 문항점수정보,clear
list ,sep(0)
```

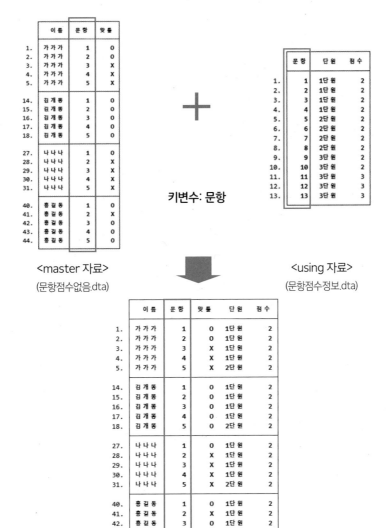

그림 9.4   자료 살펴보기(m:1 merge 예시)

[그림 9.4]를 보면 알 수 있듯이 master 자료(문항점수없음.dta)는 가가가, 김개똥, 나나나, 홍길동 4명의 학생이 푼 시험문제에 대해 맞았는지 틀렸는지 정보가 세로로 나와 있다. 그런데 이에 대한 점수가 나와있지 않다. 각 문항의 대해 묻고자 하는 단원과 점수가 어떻게 되는지 그 정보가 using 자료(문항점수정보.dta)에 있는 상황이며 이 자료를 토대로 각 아이들의 시험점수를 매기고자 한다. 이를 위해 using 자료를 master 자료로 합쳐야 되는 상황이다. 어떻게 합쳐야 되겠는가? master 자료, using 자료 모두 존재하는 문항변수를 키변수로 삼아 옆으로 합쳐야 된다. 앞서 소개된 1:1 merge와의 차이점은 master 자료는 시험을 한 사람이 아닌 여러 사람이 봤기 때문에 문항변수에 중복값이 존재한다는 점이다. 반면 using 자료의 문항은 중복값이 없기에 m:1 merge가 된다.

9.2.2 m:1 merge

```
use 문항점수없음.dta,clear
merge m:1 문항 using 문항점수정보.dta ,nogen

sort 이름 문항
list ,sepby(이름)
```

[그림 9.5]의 using 자료의 첫 번째 줄부터 살펴보자. using 자료의 첫째 줄에서 키변수인 문항의 변수값은 1이다. 그럼 Stata는 이 첫 번째 줄을 떼어 내어 master 자료에서 문항==1인 줄들을 찾아 붙이려고 한다. 그런데 master 자료에는 1번째 줄과 14번째 줄, 27번째 줄, 그리고 41번째 줄의 문항 값이 각각 1이다. 그래서 Stata는 using 자료의 첫째 줄을 복제하면서 master 자료에 각각 1, 14, 27, 41번째 줄 옆으로 붙인다. using 자료의 두 번째 줄도 위 과정과 똑같이 master 자료의 2, 15, 28, 42번째 줄에 복제하면서 붙이게 되며, 이 과정은 using 자료 다른 줄에서도 동일하게 이루어진다.

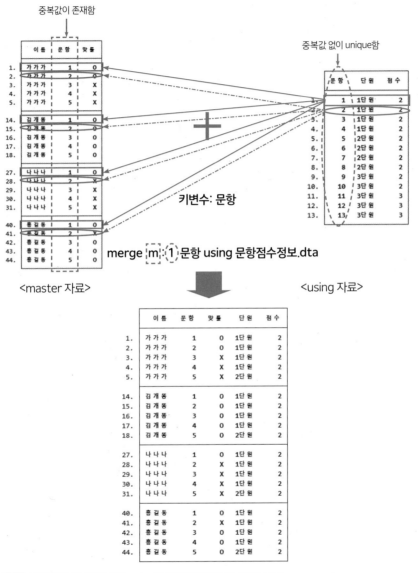

그림 9.5   m:1 merge 메커니즘

 이때 두 개의 자료를 옆으로 합칠 때 사용된 Stata 코드를 보면 merge m:1로 시작된다. 앞서 설명했듯이 master 자료의 문항변수는 중복값이 존재하기 때문에 m이 된다. 반면 using 자료의 문항변수는 시험문제에 대한 묻고자 하는 단원, 각 문항의 점수가 담긴 자료이기에 중복 없이 unique 했음을 알 수 있다. 그렇기 때문에 콜론을 기준으로 오른쪽 부분은(using 자료이므로) 1이 된다. m:1 merge를 이해했다면 1:m merge 또한 어렵지 않게 이해할 수 있다. 차이점은 master 자료 쪽에서 각 줄이 키변수의 값에 맞게 복제되고 나서 붙여진다는 점이다. 1:m merge를 실행할 때 using 자료의 키변수에는 중복값이 존재하기 때문이다. master 자료를 문항점수정보.dta로 삼고, using 자료를 문항점수없음.dta로 삼아 1:m merge를 직접 해보면 이해가 될 것이다. 그런데 [그림 9.5]처럼 비록 master 자료에는 키변수에 중복값이 존재하지만 적어도 한쪽 자료의 키변수의 값의 중복값이 unique한 경우는 사실 merge m:m으로 써도 결과는 동일하게 나온다. 이는 1:m merge를 할 때도 마찬가지다. merge m:m을 사용하면 안되는 상황도 존재하는데 언제 사용하면 안되는 것일까?

9.3 merge m:m를 사용하면 안되는 상황

```
use adverse_event.dta,clear

joinby putnum date using concomitant_medication.dta
list ,sepby(putnum date)
```

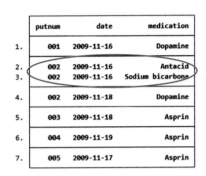

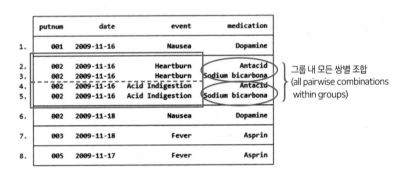

그림 9.6   merge m:m를 사용하면 안되는 경우(joinby)

[그림 9.6]처럼 master 자료와 using 자료 모두 실제로 키변수(들)[1]에 대해 실제로 중복값이 존재하는 상황이다. 이러한 상황에선 merge m:m을 사용하면 안된다. master 자료는 각 환자들에 대하여 요일별로 발생한 병의 정보가 담겨있고 using 자료는 각 환자들에 대하여 요일별로 처방한 약명이 담겨 있다. 이때 master 자료와 using 자료의 2009년 11월 16일 환자번호 2번(putnum==2, date==2009-11-16)인 줄을 보자. master 자료, using 자료 모두 2줄씩 중복값이 존재하는 상황이다. 이러한 중복값에 대하여 합치고자 할 땐 putnum==2, date==2009-11-16인 그룹 내 모든 쌍별 조합(all

---

1 이때 키변수는 putnum과 date임

pairwise combinations within groups)을 원한다. 그래서 우리가 원하는 그림은 [그림
9.6]의 아래 부분처럼 4줄(=2x2)이 나오기를 원하는 상황이다. 이때는 반드시 merge
m:m이 아닌 joinby를 사용해야 한다. merge m:m을 사용하면 [그림 9.7]처럼 의도한
대로 합쳐지지 않는다.

```
use adverse_event.dta,clear

merge m:m putnum date  using concomitant_medication.dta
list ,sepby(putnum date)
```

```
merge m:m putnum date  using concomitant_medication.dta

    Result                        # of obs.

    not matched                        2
        from master                    1   (_merge==1)
        from using                     1   (_merge==2)

    matched                            6   (_merge==3)
```

```
list ,sepby(putnum date)
```

	putnum	date	event	medication	_merge
1.	001	2009-11-16	Nausea	Dopamine	matched (3)
2.	002	2009-11-16	Heartburn	Antacid	matched (3)
3.	002	2009-11-16	Acid Indigestion	Sodium bicarbona	matched (3)
4.	002	2009-11-18	Nausea	Dopamine	matched (3)
5.	003	2009-11-17	Fever		master only (1)
6.	003	2009-11-18	Fever	Asprin	matched (3)
7.	005	2009-11-17	Fever	Asprin	matched (3)
8.	004	2009-11-19		Asprin	using only (2)

의도한 대로
합쳐지지 않음

그림 9.7   merge m:m의 사용

9.4 ▶ 각종 join들

merge를 하고 나서 matched된 줄들의 자료만 보고 싶을 때도 있을 것이며(inner join), master 자료에 존재했던 줄들의 자료만 보고 싶을 때도 있을 것이다(left outer join). 반대로 using 자료에 존재했던 줄들의 자료만 보고 싶을 수도 있다(right outer join). 이러한 merge들을 각각 inner merge, left outer join, right outer join이라 하는데, 이들은 SQL 용어이다. SQL 용어지만 이러한 join들을 Stata로 쉽게 구현 가능하다. 각 join을 구현하는 방법으로 크게 두 가지가 있다. 첫 번째는 keep if와 merge 하고 나서 새롭게 생성되는 _merge 변수의 변수값을 활용하는 방법이다. 두 번째 방법은 merge옵션 중 keep()옵션의 하위옵션(suboption)을 사용하는데 괄호 안에 master using match란 글자를 적절하게 입력하는 방법이다. 예시자료는 1:1 merge를 설명하기 위해 사용된 예시자료(마스터.dta파일, 유징.dta파일)이다.

✅ 각 join을 구현하는 두 가지 방법

- 첫 번째 방법: keep if와 merge 하고 나서 새롭게 생성되는 _merge 변수의 변수값을 활용하는 방법
- 두 번째 방법: merge옵션 중 keep()옵션의 하위옵션(suboption)을 사용하는데 괄호 안에 master using match란 글자를 적절하게 입력하는 방법

9.4.1 inner join

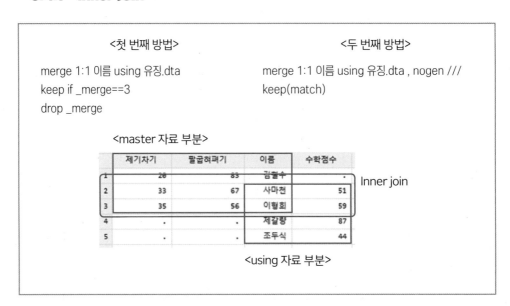

그림 9.8   inner join

　inner join인 이유는 matched된 부분이 안에 숨어 있기 때문에 붙여진 명칭이다. 첫 번째 방법을 적용하면 merge 하고 나서 필요한 부분인 matched된 부분[(matched(3))]을 남기기 위해 keep if _merge==3을 적용한 뒤, 제 역할을 다한 _merge란 변수를 지우면 된다(drop _merge). 두 번째 방법을 적용하면 keep()옵션 안에 match라는 글자를 넣으면 된다. 이와 동시에 _merge란 변수가 생성되는 것을 원하지 않는다면 nogen이란 옵션을 같이 사용하면 된다.

9.4.2 outer join

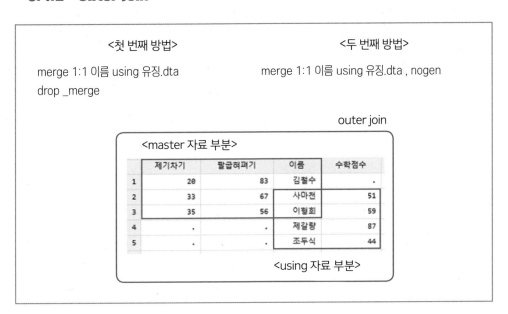

그림 9.9 outer join

사실 1:1 merge, m:1 merge를 소개한 것이 outer join이 된다. 그래서 첫 번째 방법으로 제거해야 되는 관측수가 없기 때문에 곧바로 drop _merge를 하면 되며, 두 번째 방법으로 nogen옵션을 추가하여 실행해주면 된다.

9.4.3 left outer join

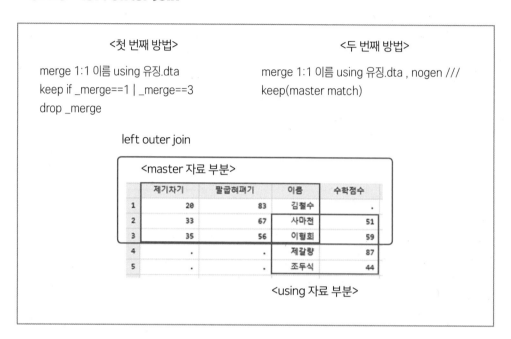

<첫 번째 방법>

merge 1:1 이름 using 유징.dta
keep if _merge==1 | _merge==3
drop _merge

<두 번째 방법>

merge 1:1 이름 using 유징.dta , nogen ///
keep(master match)

left outer join

<master 자료 부분>

	제기차기	팔굽혀펴기	이름	수학점수
1	20	83	김철수	.
2	33	67	사마천	51
3	35	56	이황희	59
4	.	.	제갈량	87
5	.	.	조두식	44

<using 자료 부분>

그림 9.10   left outer join

left outer join인 이유는 남겨야 될 부분이 왼쪽으로 튀어 나와 있기 때문에 붙여진 명칭이다. 첫 번째 방법을 적용하면 merge 하고 나서 필요한 부분인 master 자료에만 있는 부분[master only(1)]과 matched된 부분[matched(3)]을 남기기 위해 keep if _merge==1 | _merge==3을 적용한 뒤, 제 역할을 다한 _merge란 변수를 지우면 된다(drop _merge). 두 번째 방법을 적용하면 keep()옵션 안에 master와 match라는 글자를 넣으면 된다. 이와 동시에 _merge라는 변수가 생성되는 것을 원하지 않는다면 nogen옵션을 같이 사용하면 된다.

9.4.4 right outer join

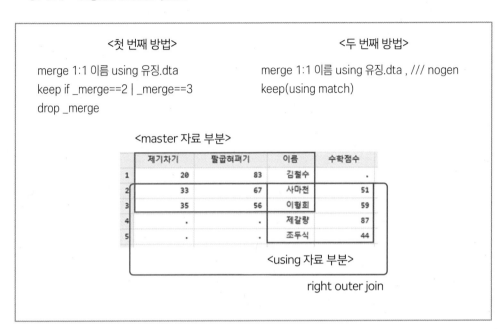

그림 9.11   right outer join

right outer join인 이유는 남겨야 될 부분이 오른쪽으로 튀어나와 있기 때문에 붙여진 명칭이다. 첫 번째 방법을 적용하면 merge 하고 나서 필요한 부분인 using 자료에만 있는 부분[using only(2)]과 matched된 부분[matched(3)]을 남기기 위해 keep if _merge==2 | _merge==3을 적용한 뒤, 제 역할을 다한 _merge란 변수를 지우면 된다 (drop _merge). 두 번째 방법을 적용하면 keep()옵션 안에 using와 match라는 글자를 넣으면 된다. 이와 동시에 _merge라는 변수가 생성되는 것을 원하지 않는다면 nogen 옵션을 같이 사용하면 된다.

연습문제

1. master 자료를 문항점수정보.dta로 삼고, using 자료를 문항점수없음.dta로 삼아 1:m merge를 실행해보자.

2. 8장 연습문제에 사용된 달린거리칼로리소모량.xlsx 파일의 각 시트의 자료를 읽어들여 저장한 뒤, 아래 그림과 같은 형태의 자료를 구축해보자.

   HINT 아래 그림과 같은 자료는 패널자료인데 wide form 형태의 자료임

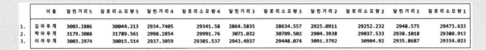

	이름	달린거리5	칼로리소모량5	달린거리4	칼로리소모량4	달린거리3	칼로리소모량3	달린거리2	칼로리소모량2	달린거리1	칼로리소모량1
1.	김아무개	3003.2886	30044.213	2934.7405	29341.58	2864.5835	28634.557	2925.0911	29252.232	2948.575	29473.633
2.	박아무개	3179.3088	31789.561	2998.2854	29991.76	3071.032	30709.502	2904.3938	29037.533	2938.1018	29380.912
3.	이아무개	3003.2974	30015.514	2937.3059	29385.537	2943.4937	29448.074	3091.3792	30904.92	2935.8687	29334.023

3. 상기 2번 문제처럼 nlswork.xlsx 파일의 각 시트의 자료를 읽어들여 저장한 뒤, 패널 wide form 자료를 완성해보자.

10

자료의 구조를 쉽게 바꾸는
reshape

LEARNING OBJECTIVE

10장에서 소개할 명령어는 reshape라는 명령어다. reshape 명령어는 자료의 구조를 wide↔long으로 쉽게 바꾸는 명령어로서, 데이터 작업을 함에 있어서 필수인 명령어다. reshape 명령어는 엑셀의 피벗테이블 역할, R 프로그래밍의 reshape2 패키지의 reshape 함수 역할, SAS의 transpose 프로시저의 역할을 수행한다고 생각하면 된다. 그러나 문법은 쉽지만 그 기능은 강력하다고 말할 수 있겠다. reshape 명령어가 자료구조와 밀접한 명령어이기 때문에, 우선 횡단면, 시계열, 패널자료가 무엇인지 언급한 다음, reshape 사용법을 소개할 것이다. 그다음 reshape의 이해도를 높이기 위한 응용테크닉을 보이고자 한다.

CONTENTS

횡단면자료, 시계열자료, 패널자료

10.1.1   횡단면자료와 시계열자료

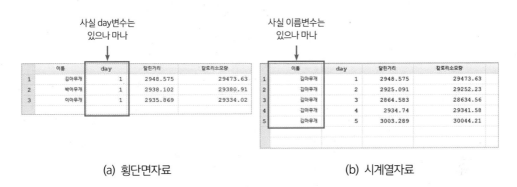

(a) 횡단면자료   (b) 시계열자료

그림 10.1   횡단면자료와 시계열자료

횡단면자료는 어느 특정 시점 아래 각 id가 다른 상태이다. id는 자료에 따라 사람이 될 수도 있고 기업이 될 수도 있고 국가가 될 수도 있다. 횡단면 자료의 예는 [그림 10.1]의 (a)와 같다. 여기서 id는 사람의 이름이 되며 시간은 1일차 시점이다. 이때 day란 변수는 있으나 마나한 변수이며 이를 제거하면 더 깔끔한 횡단면자료가 될 것이다. 반면 시계열자료는 [그림 10.1]의 (b) id가 하나로 고정되어 있는 반면 시간이 고정적이지 않은 형태의 자료이다. 횡단면 예시와는 달리 id가 한 사람으로 고정되어 있는 반면에 시간변수인 day가 순차적으로 증가하고 있음을 알 수 있다. 이때도 마찬가지로 이름변수는 있으나 마나한 변수이며 이를 제거하면 더 깔끔한 시계열자료가 될 것이다.

10.1.2 패널자료

	이름	day	달린거리	칼로리소모량
1.	김아무개	1	2948.575	29473.63
2.	김아무개	2	2925.091	29252.23
3.	김아무개	3	2864.583	28634.56
4.	김아무개	4	2934.74	29341.58
5.	김아무개	5	3003.289	30044.21
6.	박아무개	1	2938.102	29380.91
7.	박아무개	2	2904.394	29037.53
8.	박아무개	3	3071.032	30709.5
9.	박아무개	4	2998.285	29991.76
10.	박아무개	5	3179.309	31789.56
11.	이아무개	1	2935.869	29334.02
12.	이아무개	2	3091.379	30904.92
13.	이아무개	3	2943.494	29448.07
14.	이아무개	4	2937.306	29385.54
15.	이아무개	5	3003.297	30015.51

<long form(a)>

이름	달린거리1	칼로리소모량1	달린거리2	칼로리소모량2	달린거리3	칼로리소모량3	달린거리4	칼로리소모량4	달린거리5	칼로리소모량5
김아무개	2948.575	29473.63	2925.091	29252.23	2864.583	28634.56	2934.74	29341.58	3003.289	30044.21
박아무개	2938.102	29380.91	2904.394	29037.53	3071.032	30709.5	2998.285	29991.76	3179.309	31789.56
이아무개	2935.869	29334.02	3091.379	30904.92	2943.494	29448.07	2937.306	29385.54	3003.297	30015.51

<wide form(b)>

그림 10.2 패널자료

반면 패널자료는 [그림 10.2]처럼 횡단면자료, 시계열자료의 성격을 모두 가진 자료
이다. 즉 id도 여러 개이며 시점도 여러 시점인 자료를 의미한다. 어떻게 보면 횡단면자
료와 시계열자료는 패널자료의 특수한 형태로 볼 수 있다. 횡단면자료는 시점이 1시점
인 특수한 패널자료로, 시계열자료는 id가 1개로 고정된 특수한 패널자료로 말이다. 이
러한 관점으로 바라봐야 데이터구조를 여러 방면으로 쉽게 바꿀 수 있다. 마치 스칼라
와 벡터가 행렬의 특수한 형태인 것처럼 말이다. 한편 패널자료는 두 가지 형태로 존재
하는데 [그림 10.2]의 (a)처럼 long form의 자료와, [그림 10.2]의 (b)처럼 wide form
의 자료 형태가 있다. 이렇게 (a)→(b)로, 또는 (b)→(a)로 바꿀 때 사용되는 명령어가
reshape 명령어이다. reshape 명령어로 바로 들어가기 전에 패널자료의 다른 중요한
특징을 언급하고 reshape 명령어를 소개할 것이다. 이를 알아야 reshape 명령어를 좀

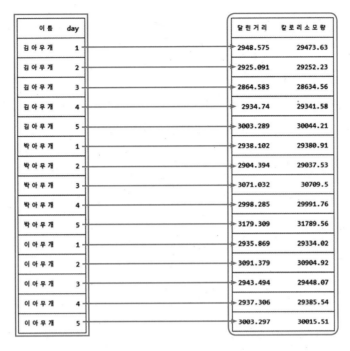

그림 10.3   패널자료의 특징

더 쉽게 접근할 수 있기 때문이다.

패널자료의 다른 중요한 특징은 [그림 10.3]처럼 id와 시간(여기서는 이름과 day)으로 고유한 값을 가지며 각 줄을 구분할 수 있다는 점이다. 즉 이름이 김아무개인 줄은 여러 줄이 있지만 (이름=김아무개, day=2)인 줄은 두 번째 줄 단 한 줄밖에 없다. 마찬가지로 이름이 박아무개인 줄은 여러 줄이 있지만 (이름=박아무개, day=2)인 줄은 일곱 번째 줄 단 한 줄밖에 없다. 실제로 이와 관련해서 reshape 명령어가 작동이 안되는 대부분이 (id, 시간)에 각 줄을 unique하게 구분하지 못하고 중복값[1]이 존재한 경우이다. 이는 패널회귀분석을 위해 패널선언을 하기 위해 xtset 명령어를 사용하는데 xtset

---

1   중복값을 찾는 명령어는 duplicates list임. 해당 명령어의 자세한 문법은 명령문창에 help duplicates를 쳐서 살펴보길 권장함

이 제대로 안되는 이유 중 하나이기도 하다.[2] 이렇게 패널자료가 id와 시간으로 고유한
값을 가지기 때문에 (이름, day)이 (달린거리, 칼로리소모량)에 화살을 쏘는 구조를 가
지며 바꾸어 말하면 함수관계를 갖게 된다. 이 관계를 파악해야 reshape 명령어 사용
시 어느 곳에 적을지 쉽게 파악할 수 있다.

패널자료의 특징

- long form과 wide form 두 가지 형태의 자료가 존재함
- id와 시간으로 고유한 값을 가지며 각 줄을 구분함
- (id, 시간)이 (var1, var2, ⋯, var#) 대응되는 함수관계로 볼 수 있음
  이를 잘 파악해야 reshape 명령어 사용 시 어느 곳에 적을지 쉽게 파악할 수 있음

10.2 ▶ reshape wide & reshape long

10.2.0 문법설명

1 long → wide 변환 시 문법

> reshape wide *시작이름들*, i(*변수리스트*) [*다른 옵션들*]

2 wide → long 변환 시 문법

> reshape long *시작이름들*, i(*변수리스트*) [*다른 옵션들*]

---

2   물론 id변수도 숫자변수여야 패널선언이 됨. 이때 예시자료의 경우 이름변수는 당연히 이름변수이기 때
    문에 encode 명령어를 사용하거나 group egen함수를 사용하여 패널선언용 id변수를 만들어주어야 함

옵션	설명
i(*변수리스트*)[주1]	변수리스트를 id 변수(들)로서 사용하기
j(*변수명*)[주2]	long → wide: 데이터에 존재하는 변수의 이름 wide → long: 새롭게 만들어질 변수의 이름
<u>string</u>	*변수명*은 문자변수(디폴트: 숫자)

주1: i()옵션은 필수임
주2: j()옵션 안에 값을 집어넣는 하위옵션(suboption)이 있으나 잘 사용하지 않아 언급하지 않음

　　문법을 설명하는 부분이지만 이 부분만 읽으면 이해하기 쉽지 않다. 그렇기에 다음에 나올 사용 예시를 같이 보는 것을 추천한다. 우선 reshape 다음에 wide 또는 long을 기입해야 되는데 바꾸고자 하는 방향을 적어야 된다. 예를 들어 long→wide로 바꾸고자 하면 reshape wide로 기입해야 되며, wide→long로 바꿀 경우 reshape long으로 기입해야 된다. reshape long 또는 reshape wide를 입력했으면 그다음에는 시작이름들[3]을 입력해주면 된다. reshape를 사용하면서 느끼겠지만, Stata의 reshape 명령어의 강점은 시작이름을 한 개 이상 입력해도 원활히 작동된다는 점이다. 이는 특히 다른 통계패키지를 사용하다가 Stata를 사용하는 이들이 공감할 것이라 생각된다. 옵션으로 크게 i()옵션, j()옵션, string옵션이 있다. i()옵션은 반드시 필수이다. 그리고 i()옵션에 변수리스트라고 명시되어 있다. 9장에 소개된 변수리스트와 연관 지어 생각하면 i()옵션에 변수 한 개 이상 넣는 것이 가능함을 알 수 있다. i()옵션은 보통 ID 변수(들)을 기입하는 곳으로 i()옵션에 기입된 변수리스트를 피버팅(pivoting)을 하기 위한 축으로 사용된다고 생각하면 된다. j()옵션은 피버팅으로 해당 변수값들이 움직여지는 변수를 입력하거나(long→wide), 시작이름 뒤의 값들이 새로이 생성될 변수(이때 변수명은 j옵션에 설정된 이름)의 값으로 들어가게 하는 (wide→long)옵션이다. long→wide를 할 경우

3　stubnames의 공식 우리말 번역을 사용함

j()옵션의 변수명은 데이터 내에 존재하는 변수의 이름이며, wide→long을 할 경우 j()옵션의 변수명은 새롭게 만들어질 변수의 이름이 된다. 한편, string옵션은 변수명이 문자일 경우 명시해주는 옵션이다. 서두에서도 적었지만 이렇게만 보면 무슨 내용인지 이해가 안될 것이다. 그렇기에 다음에 나올 사용 예시 부분을 같이 보는 것을 추천한다.

10.2.1 long→wide로 바꾸기

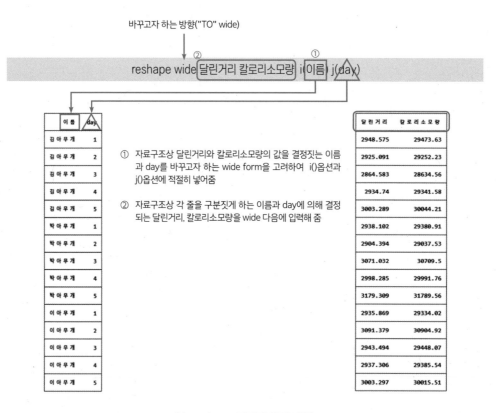

(a) reshape 명령어 입력 방법

reshape wide 달린거리 칼로리소모량, i(이름) j(day)

△ : long→wide로 바뀌면서 j변수(day)는 사라지고 day변수값은 달린거리, 칼로리소모량 뒤에 붙음

(b) reshape 명령어 작동 메커니즘

그림 10.4   long→wide로 바꾸기

[그림 10.4]에서 화살을 쏘는 역할인 id변수, 시간변수와(이름, day) 화살을 받는 변수들(달린거리, 칼로리소모량)을 구분해야 된다고 설명한 바 있다. 이때 화살을 쏘는 역할인 이름변수와 day변수를 i()옵션 또는 j()옵션에 적절히 입력을 해준다(①). 통상 i()에 id변수를 입력하는데, 보통은 id변수를 축으로 삼아 피버팅을 한 데이터가 일반적이기 때문이다. 그래서 i()옵션에 id변수인 이름을 입력해주며, j()옵션에 시간변수인 day변수를 입력해준다. 화살을 받는 역할인 달린거리, 칼로리소모량 변수를 [그림 10.4]의 (a)처럼 wide 다음에 순서에 상관없이 입력해준다, 즉 달린거리, 칼로리소모량이 시작이름(stubnames)이 되는 것이다. reshape 명령문을 입력하고 실행하면 [그림 10.4]의 (b)처럼 wide form으로 바뀐다. i()옵션에 입력한 이름변수의 각 값에 따라 피버팅을 하게 된다. 이때 피버팅을 한 모습을 잘 보면 각 이름의 값마다 (달린거리, 칼로리소모량)의 묶음으로 값들을 1줄로 늘여놓는 형태로 피버팅됨을 알 수 있다. 그리고 day변수의 값들인 숫자값 1~5는 시작이름인 달린거리, 칼로리소모량 이름 뒤에 붙는 것을 알 수 있다.

10.2.2 wide→long으로 바꾸기

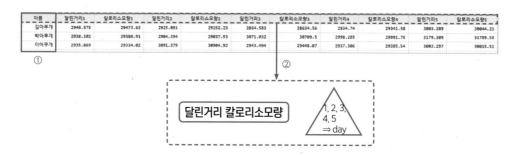

① 각 줄이 이름으로 구분됨 ⇒ i옵션에 입력

② 변수명의 패턴을 확인하면 달린거리, 칼로리소모량(시작이름, stubname) 앞부분과 일차(day)를 의미하는 1, 2, 3, 4, 5 뒷부분으로
나누어짐
⇒ 앞부분은 long 다음에 입력, 뒷부분은 j옵션에 입력된 이름의 변수(새로이 만들어질 변수임)의 변수값으로 들어가게 됨

<reshape 명령어 입력 방법(a)>

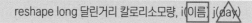

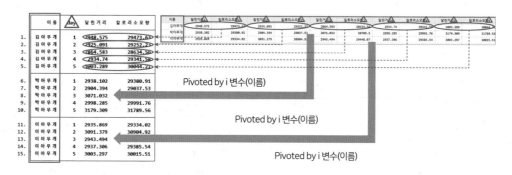

△ : wide → long으로 바뀌면서 달린거리, 칼로리소모량 뒤에 붙어있는 값들은 새로이 만들어질
j변수(day)의 변수값으로 들어감

<reshape 명령어 작동 메커니즘(b)>

그림 10.5   wide→long로 바꾸기

　　wide→long으로 바꾸기 위해서는 자료를 wide form으로 바라볼 수 있는지부터 확인해야 한다. 즉 [그림 10.5]의 (a)에 나온 것처럼 우선 각 관측수를 구분 짓는 이름과 같은 변수가 있는지 확인해야 한다. 그래서 [그림 10.5]의 (a)처럼 이름변수를 i()옵션에 집어넣어야 한다(①). 그다음 i()옵션에 집어넣을 이름변수를 제외한 나머지 변수명의 패턴을 확인하여 두 가지 요소로 나뉘는지 확인해야 된다. [그림 10.5]의 (a)에서 달린거리1 – 칼로리소모량5 변수들의 변수명의 패턴을 확인하면 달린거리, 칼로리소모량 앞부분과 일차(day)를 의미하는 1, 2, 3, 4, 5 뒷부분으로 나누어짐을 알 수 있다(②). 그래서 앞부분인 달린거리, 칼로리소모량은 long 다음에 입력해준다. 즉 이 앞부분이 시작이름이 되는 것이다. 그다음 뒷부분과 관련해서는 j옵션에 적절한 이름, 이를테면 day로 기입하면 된다. wide→long으로 바뀌면서 뒷부분인 1, 2, 3, 4, 5는 j()옵션의 입력된 day라는 새롭게 만들어질 변수의 변수값으로 들어가기 때문이다. reshape 명령문을 입력하고 실행하면 [그림 10.5]의 (b)처럼 long form으로 바뀐다. i()옵션에 입력한 이름변수의 각 값에 따라 피버팅을 하게 된다. 이때 피버팅을 한 모습을 잘 보면 각 이름의 값마다 (달린거리, 칼로리소모량)의 묶음으로 값들이 1열로 세워지는 형태로 피버팅됨을 알 수 있다. 그리고 달린거리, 칼로리소모량 이름 뒤에 붙어있던 숫자값 1~5는 j()옵션으로 인해 새롭게 만들어지는 day변수의 변수값으로 들어가게 된다. 참고로 wide→long으로 바뀌면서 자료의 정렬 순서는 i()옵션에 기입된 변수리스트 및 j()옵션에 기입된 변수 수의 오름차순으로 정렬된다. 즉 [그림 10.5]의 경우 이름 및 day의 오름차순으로 정렬된다.

10.2.3 또 다른 long→wide로 바꾸기

```
use 패널예시.dta,clear
rename (달린거리 칼로리소모량) =_
reshape wide 달린거리_ 칼로리소모량_, i(day) j(이름) string
```

	day	달린거리_김아무개	칼로리소모량_김아무개	달린거리_박아무개	칼로리소모량_박아무개	달린거리_이아무개	칼로리소모량_이아무개
1.	1	2948.575	29473.63	2938.102	29380.91	2935.869	29334.02
2.	2	2925.091	29252.23	2904.394	29037.53	3091.379	30904.92
3.	3	2864.583	28634.56	3071.032	30709.5	2943.494	29448.07
4.	4	2934.74	29341.58	2998.285	29991.76	2937.306	29385.54
5.	5	3003.289	30044.21	3179.309	31789.56	3003.297	30015.51

주1: rename (달린거리 칼로리소모량) =_을 통해 달린거리, 칼로리소모량 변수명 뒤에 _이 붙게 됨. wide form으로 바꾸는 과 정에서 시작이름과 뒤에 붙게 되는 이름변수의 값을 쉽게 구분해서 보이게 하기 위함임
주2: j()옵션에 들어간 이름변수(long form일 때임에 주의)는 문자변수이기 때문에 string옵션을 사용해야 됨

그림 10.6 특정 포맷의 string으로 바꾸기

1)을 통해 long→wide로 바꾸는 과정에서 i()에 id변수인 이름을 입력하고 시간변수 인 day변수를 j()옵션에 입력했었다. 그러나 이름변수와 시간변수를 거꾸로 입력해도 작동되며 그 바뀐 모습은 [그림 10.6]과 같다. 다만 이때 이름변수가 문자변수이기 때 문에 string옵션을 붙여줘야 한다. [그림 10.6]을 보면 [rename (달린거리 칼로리소모 량) =_] 작업을 통해 달린거리, 칼로리소모량 변수명 뒤에 _을 붙이고나서 wide form 으로 바꿨음을 알 수 있다. 이는 wide form으로 바꾸는 과정에서 시작이름과 뒤에 붙 게 되는 이름변수의 값을 쉽게 구분해서 보이게 하기 위해서다.

```
reshape long
reshape wide
```

한편, 단순히 reshape long만 입력하고 실행하면 앞선 형태의 long form으로 되돌아 가게 된다. 그래서 단순히 앞선 모습의 long form으로 되돌리고만 싶을 때는 reshape long까지만 입력하고 실행하면 된다. 반대로 단순히 앞선 형태의 wide form으로 되돌리고 싶을 때는 reshape wide까지만 입력하고 실행하면 된다.

10.3 전치(transpose)하기

여기부터는 reshape 명령어를 응용한 테크닉을 소개하는 부분이다. 이를 통해서 reshape 명령어를 좀 더 이해할 수 있을 것이다. 소개할 부분은 전치(transpose)[4]하기이다. 아래 [그림 10.7]을 보면서 설명하고자 한다. 예제파일은 "wide로보기.dta"이다.

a	b	c	d
1	2	5	2
1	3	7	3
.	2	7	.
.	.	2	.

(a) 원자료

v_1	v_2	v_3	v_4
1	1	.	.
2	3	2	.
5	7	7	2
2	3	.	.

(b) 전치한 자료

그림 10.7 원자료와 전치(transpose)한 자료

우리가 원하는 작업은 [그림 10.7]처럼 원자료(a)를 전치하여 (b)처럼 바꾸고 싶은 것이다. 전치를 하기 위해서는 원자료(a)를 wide form으로 바라보아 long form으로 바꾼 다음 다시 wide form으로 바꾸는데 i()옵션, j()옵션에 넣었던 요소를 바꾸어 입력해줘야 한다. 그런데 [그림 10.7]의 (a)의 데이터 모습, 즉 wide로보기.dta파일을 보면 wide form으로 보이지 않는다. 어떻게 wide form으로 바라볼 수 있을까?

---

4 전치란 쉽게 말해 행과 열이 바뀐 것을 의미함. 예를 들어 어떤 행렬을 전치하면 2행 3열의 원소는 3행 2열에 위치하게 됨

10.3.1 wide form으로 보기

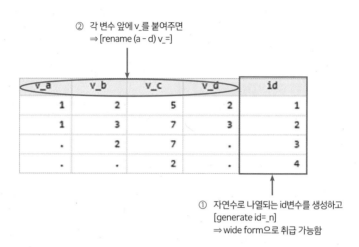

주1: [rename (a - d) v_=]을 통해 a, d변수를 포함하여 이들 사이에 있는 b, c변수(즉 a, b, c, d)의 이름 앞엔 v_가 붙게 됨

그림 10.8   wide form으로 보기

"wide로보기.dta"를 열면 중복값 없이 unique한 변수가 없다. 없으면 만들면 된다. 각 줄마다 unique한 변수를 만들기 위해 자연수를 만들고 변수명을 id로 정한다 (generate id=_n)(①). 그다음 [rename (a - d) v_=]을 통해 a, d변수를 포함하여 이들 사이에 있는 b, c변수(즉 a, b, c, d)의 이름 앞에 v_가 붙게 한다(②). 그러면 [그림 10.8]처럼 id로 각 줄이 중복 없이 unique한 값을 갖게 되고 id를 제외한 변수들의 변수명이 앞부분의 v_와 a, b, c, d의 뒷부분 두 묶음으로 나뉜다. 즉 이 상태에서는 엄연한 wide form이며 long form으로 바꾸는 것이 가능하다.

10.3.2 전치하기

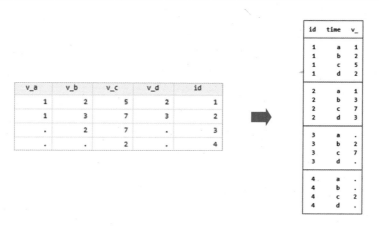

(a) 전치하기 1단계

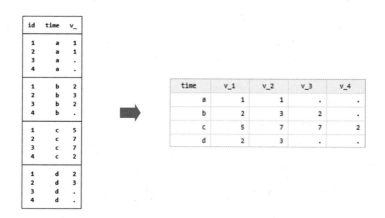

(b) 전치하기 2단계

주1: (a)의 v_a - v_d에서 v_뒤에 붙어 있는 a, b, c, d는 문자값이기 때문에 string옵션을 붙여야 됨

주2: (b)에서 long→wide로 바꿀 때 (a)작업에서 i()와 j()옵션에 입력한 변수명을 (b)작업에선 거꾸로 입력을 해주는 것이 포인트임. 이때 j옵션에 들어가는 id변수는 숫자변수이기에 string옵션을 사용하지 말아야 됨에 주의

그림 10.9   전치하기

[그림 10.9]의 (a)처럼 wide→long으로 바꾸어주는 것이 1단계이다. 이때 주의할 점은 v_a – v_d에서 v_뒤에 붙어 있는 a, b, c, d는 문자값이기 때문에 string옵션을 붙여야 된다는 점이다. 이 부분까지가 1단계이다. 그다음 2단계(b)를 거치면 전치가 완료되는데, long→wide을 해줘야 한다. 이때 (a)작업에서 i()와 j()옵션에 입력한 변수명을 (b)작업에선 거꾸로 입력을 해주는 것이 포인트이다. j()옵션에 id를 입력하는데 id변수는 숫자변수이기 때문에 string옵션을 넣지 않음에 주의해야 한다. 2단계 (b)까지 하고 나면 [그림 10.7]의 (b)처럼 전치한 자료를 얻을 수 있다.

10.4 기형패널 만들기

	이 름	var	d1	d2	d3	d4	d5
1.	김 아 무 개	달 린 거 리	2948.575	2925.091	2864.583	2934.74	3003.289
2.	김 아 무 개	칼 로 리 소 모 량	29473.63	29252.23	28634.56	29341.58	30044.21
3.	박 아 무 개	달 린 거 리	2938.102	2904.394	3071.032	2998.285	3179.309
4.	박 아 무 개	칼 로 리 소 모 량	29380.91	29037.53	30709.5	29991.76	31789.56
5.	이 아 무 개	달 린 거 리	2935.869	3091.379	2943.494	2937.306	3003.297
6.	이 아 무 개	칼 로 리 소 모 량	29334.02	30904.92	29448.07	29385.54	30015.51

그림 10.10   기형패널

[그림 10.10]을 보면 패널자료인데 특이한 구조로 되어 있음을 알 수 있다. [그림 10.2]의 (a)와 비슷해 보이지만 다르다. 변수명을 보면 달린거리, 칼로리소모량이 아니라 d1 – d5로 되어 있다. 달린거리, 칼로리소모량은 변수명이 아니라 var라는 변수의 변수값으로 들어가 있다. 패널자료인데 종종 이러한 자료가 나올 때가 있다. 대표적인 예가 세계은행(World Bank)의 WDI(World Development Indicator) 자료가 이러한 형태이다. 예제파일인 "패널예시.dta"를 사용하여 기형패널을 만들어 보고자 한다.

10.4.1   wide form으로 보기

	이름	day	V_달린거리	V_칼로리소모량
1.	김아무개	1	2948.575	29473.63
2.	김아무개	2	2925.091	29252.23
3.	김아무개	3	2864.583	28634.56
4.	김아무개	4	2934.74	29341.58
5.	김아무개	5	3003.289	30044.21
6.	박아무개	1	2938.102	29380.91
7.	박아무개	2	2904.394	29037.53
8.	박아무개	3	3071.032	30709.5
9.	박아무개	4	2998.285	29991.76
10.	박아무개	5	3179.309	31789.56
11.	이아무개	1	2935.869	29334.02
12.	이아무개	2	3091.379	30904.92
13.	이아무개	3	2943.494	29448.07
14.	이아무개	4	2937.306	29385.54
15.	이아무개	5	3003.297	30015.51

① (이름, day)를 한 덩어리로 바라보면 각 줄에 대해 unique함을 알 수 있고

② 각 변수 앞에 v_를 붙여주면 [rename (달린거리 칼로리소모량) v_=] ⇒wide form으로 바라볼 수 있음

그림 10.11   long form을 wide form으로 보기

방법은 3.에서 나온 방법과 유사하게 wide form으로 바라보아 long form으로 바꿔야 한다. 그런데 예제파일인 "패널예시.dta"를 열면 long form으로만 보인다. 그러나 long form을 wide form으로 바라보는 발상이 필요하다. 우선 [그림 10.11]처럼 이름뿐만 아니라 day를 고려하여 (이름, day)를 하나의 덩어리로 바라보자. 그럼 (이름, day)은 각 줄에 대해서 unique한 값을 가짐을 알 수 있다. 즉 (이름, day)을 통하여 관측수를 구분함을 알 수 있다. 그런데 reshape의 문법을 잘 보면 i()옵션에 변수명(varname)이 아니라 변수리스트(varlist)라고 명시되어 있다. 이 말은 i()옵션 안에 이름과 day를 입력하는 것이 가능함을 의미한다(①). 그다음 달린거리와, 칼로리소모량은 (이름, day)의 화살을 받는 변수라는 공통점이 있다. 그래서 이들 변수명 앞에 v_를 붙여주면 [rename (달린거리 칼로리소모량) v_=](②), wide form으로 바라볼 수 있다. 이 말은 전형적인 패널 long form의 자료를 또 long으로 변환 가능함을 의미한다.

10.4.2 기형패널 만들기

```
reshape long v_, i(id day) j(var) string
```

	이름	day	v_달린거리	v_칼로리소모량
1.	김아무개	1	2948.575	29473.63
2.	김아무개	2	2925.091	29252.23
3.	김아무개	3	2864.583	28634.56
4.	김아무개	4	2934.74	29341.58
5.	김아무개	5	3003.289	30044.21
6.	박아무개	1	2938.102	29380.91
7.	박아무개	2	2904.394	29037.53
8.	박아무개	3	3071.032	30709.5
9.	박아무개	4	2998.285	29991.76
10.	박아무개	5	3179.309	31789.56
11.	이아무개	1	2935.869	29334.02
12.	이아무개	2	3091.379	30904.92
13.	이아무개	3	2943.494	29448.07
14.	이아무개	4	2937.306	29385.54
15.	이아무개	5	3003.297	30015.51

	이름	day	var	v_
1.	김아무개	1	달린거리	2948.575
2.	김아무개	1	칼로리소모량	29473.63
3.	김아무개	2	달린거리	2925.091
4.	김아무개	2	칼로리소모량	29252.23
5.	김아무개	3	달린거리	2864.583
6.	김아무개	3	칼로리소모량	28634.56
7.	김아무개	4	달린거리	2934.74
8.	김아무개	4	칼로리소모량	29341.58
9.	김아무개	5	달린거리	3003.289
10.	김아무개	5	칼로리소모량	30044.21
11.	박아무개	1	달린거리	2938.102
12.	박아무개	1	칼로리소모량	29380.91
13.	박아무개	2	달린거리	2904.394
14.	박아무개	2	칼로리소모량	29037.53
15.	박아무개	3	달린거리	3071.032
16.	박아무개	3	칼로리소모량	30709.5
17.	박아무개	4	달린거리	2998.285
18.	박아무개	4	칼로리소모량	29991.76
19.	박아무개	5	달린거리	3179.309
20.	박아무개	5	칼로리소모량	31789.56
21.	이아무개	1	달린거리	2935.869
22.	이아무개	1	칼로리소모량	29334.02
23.	이아무개	2	달린거리	3091.379
24.	이아무개	2	칼로리소모량	30904.92
25.	이아무개	3	달린거리	2943.494
26.	이아무개	3	칼로리소모량	29448.07
27.	이아무개	4	달린거리	2937.306
28.	이아무개	4	칼로리소모량	29385.54
29.	이아무개	5	달린거리	3003.297
30.	이아무개	5	칼로리소모량	30015.51

(a) 기형패널 만들기 1단계

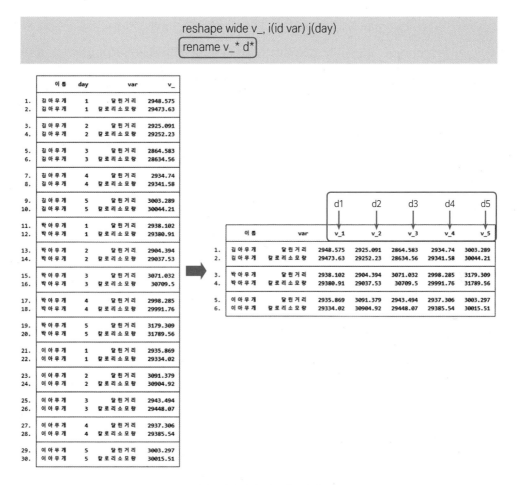

(b) 기형패널 만들기 2단계

주1: (a)에서 v_뒤에 붙어 있는 달린거리, 칼로리소모량은 문자값이기 때문에 string옵션을 붙여야 됨

주2: (b)에서 long→wide로 바꿀 때 (a)작업에서 i()에 입력한 day와 j()옵션에 입력한 var를 (b)작업에선 바꾸어 입력을 해주는 것이 포인트임. 이때 j옵션에 들어가는 day변수는 숫자변수이기에 string옵션을 사용하지 말아야 됨에 주의

그림 10.12   기형패널 만들기

[그림 10.12]의 (a)처럼 long→long으로 바꾸어주는 것이 1단계이다. 이때 주의할 점은 v_뒤에 붙어 있는 달린거리, 칼로리소모량은 문자값이기 때문에 string옵션을 붙여야 된다는 점이다. 이 부분까지가 1단계이다. 그다음 2단계(b)를 거치면 기형패널 만들기가 완료되는데, long→wide를 해줘야 한다. 이때 (a)작업에서 i()에 입력한 day와 j()옵션에 입력한 var를 (b)작업에선 바꾸어 입력을 해주는 것이 포인트이다. j()옵션에 day를 입력하는데 day변수는 숫자변수이기 때문에 string옵션을 넣지 말아야 한다. 2단계 (b)까지 하고 v_1 - v_5변수의 이름을 d1 - d5로 바꾸면(rename v_* d*) [그림 10.10]처럼 기형패널을 얻을 수 있다.

이쯤 읽어보면 문득 궁금할 것이다. 보통은 기형패널을 만드는 것이 아니라 기형패널을 [그림 10.2]의 (a)처럼 통상 우리가 알고 있는 패널자료로 바꾸는 것이 목표이다. 기형패널자료를 [그림 10.2]의 (a)처럼 바꾸는 것은 연습문제로 나와 있기 때문이다. 처음에는 이것이 어려울 수 있다. 기본적인 reshape 명령어를 연습하고 나서 도전해보길 권한다. 힌트는 기형패널을 만드는 과정과 똑같다. 기형패널을 wide form으로 바라보아 long form으로 바꾼 다음 reshape wide할 때 i()옵션과 j()옵션에 들어간 값을 살짝 바꾸어주면 기형패널을 [그림 10.2]의 (a)처럼 바꿀 수 있다.

1. 9장 연습문제 2번 문제를 통해 완성한 wide form을 long form으로 바꾸어보자.

2. 9장 연습문제 3번 문제를 통해 완성한 wide form을 long form으로 바꾸어보자.

3. [그림 10.12]를 통해 완성된 기형패널 데이터를 다시 통상 우리가 알고 있는 패널 long form으로 바꾸어보자.

4. 4장 예시자료를 열어 기형패널로 바꾼 다음, 이를 다시 정상패널로 바꾸어보자.

11

그는 나에게로 와서 꽃이 되었다
- 로컬, 글로벌 매크로

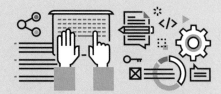

LEARNING OBJECTIVE

11장에선 로컬 매크로와 글로벌 매크로를 소개하고자 한다. 매크로란 말이 나오는지라 처음에 이들이 낯설 수 있을 것이다. 필자 본인도, 로컬, 글로벌의 이름만 들어봤을 뿐 곧바로 사용한 것은 아니었다. 그러나 이들의 활용도를 알게 된 이후로 매우 유용하게 사용하고 있으며, 데이터 작업을 더 편하게 수행할 수 있었다. 로컬 매크로와 글로벌 매크로는 사용자에게 혼란을 주기 위해 존재하는 것이 아니라 데이터 작업을 더 편하게 수행하기 위해 존재하는 것들이다. 그래서 들어가기를 통해 이들의 존재이유, 필요성을 먼저 언급한 다음 로컬 매크로, 글로벌 매크로를 소개하고자 한다.

CONTENTS

11.1   들어가기

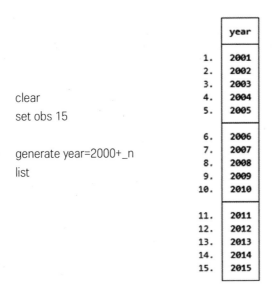

```
clear
set obs 15

generate year=2000+_n
list
```

	year
1.	2001
2.	2002
3.	2003
4.	2004
5.	2005
6.	2006
7.	2007
8.	2008
9.	2009
10.	2010
11.	2011
12.	2012
13.	2013
14.	2014
15.	2015

그림 11.1   데이터 작업 예시(2001~2015 연도변수 생성하기)

로컬 매크로, 글로벌 매크로가 왜 필요한지 간단한 데이터 작업을 예를 들어 설명하고자 한다. [그림 11.1]은 2001~2015년의 연도변수를 빠짐없이 만드는 작업을 예로 보여준다. do파일을 짠다면 [그림 11.1]의 왼쪽 부분처럼 작성할 수 있을 것이다. 그런데 "set obs 15" 부분과 "generate year=2000+_n" 부분을 잘 살펴보자. 15와 2000은 아무렇게나 나온 숫자가 아니다. 시작연도인 2001과 끝연도인 2015와 관련된 숫자이다. 즉 15=2015−2001+1이란 연산과정으로 나온 숫자이며, 2000=2001−1이란 연산과정으로 나온 숫자이다. 여기서 만약 시작연도를 1907로, 끝연도를 2003으로 바꾼다고 해보자. 이때 매크로를 사용 유무의 차이가 드러난다.

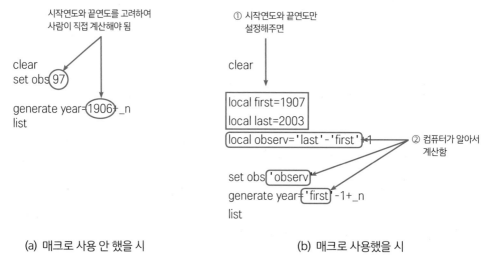

(a) 매크로 사용 안 했을 시   (b) 매크로 사용했을 시

주: (b)에서 매크로는 로컬 매크로를 예시로 사용함

그림 11.2   매크로 사용 유무의 차이

만약 시작연도를 1907로, 끝연도를 2003으로 바꾸어 연도변수를 만들면, 매크로를 사용 안 했을 시와 사용했을 시의 차이는 어떻게 될까? [그림 11.2]의 (a)는 매크로를 사용 안 했을 시의 do파일 내용을 보여주고 있다. 매크로를 사용 안 했으면 시작연도와 끝연도를 고려하여 사람이 일일이 머리로 또는 계산기를 두들기며 계산해야 한다. 즉 사람의 손이 간다는 것이다. 그러나 (b)를 살펴보자. 로컬 매크로를 통하여 시작연도와 끝연도를 설정해주면 set obs 다음에 나올 숫자를 컴퓨터가 알아서 계산하도록 설정되며, generate year= 다음에 입력해야 될 부분을 컴퓨터가 자동으로 입력해준다. 즉 자잘한 계산은 컴퓨터가 자동으로 해결하며, 사람은 파라미터가 되는 시작연도와 끝연도만 설정해주면 되는 것이다.

바로 여기서 매크로의 존재 목적, 이유를 알 수 있다. 바로 필요한 핵심 부분(파라미터)만 신경 쓰고 나머지는 컴퓨터가 자동으로 계산하도록 유도하여 편하게 작업하자는 것이다. [그림 11.2]에서 97이라는 숫자, 1906이라는 숫자 자체엔 관심이 없다. 이들은 내가 관심 있는 숫자 (시작연도, 끝연도)=(1907, 2003)과 관련된 연산과정으로 나온 부산물이라는 것이다. 우리가 관심 갖는 건 시작연도, 끝연도만 바꿔서 데이터 모습을 보고 싶은 것뿐이다. 이러한 (시작연도, 끝연도)=(1907, 2003)과 관련된 연산과정은 사람이 직접 계산하는 것보다 컴퓨터가 계산하도록 맡긴다면 우리의 뇌는 좀 더 여유롭게 핵심 작업에 집중할 수 있을 것이다.

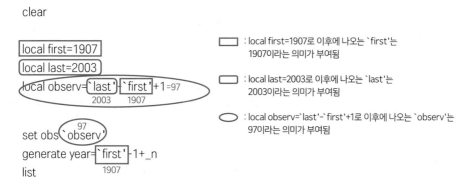

그림 11.3   매크로의 정의와 활용에 대한 간략한 설명

한편 매크로란 것을 처음 본 사람들은 어떤 과정으로 [그림 11.3]의 (b)처럼 나오는지 모를 것이다.[1] 간단하게 말하면 의미 부여를 하고 그 의미를 부여한 것을 활용한 것이다. [그림 11.3]처럼 local first=1907은 로컬 매크로를 정의하는 부분이다. 정의한다고 말하면 의미가 와닿지 않을 수 있는데 쉽게 말해 의미 부여한다고 생각하면 된다. 즉 local first=1907을 통해 이후에 나오는 모든 `first'는 1907이라는 숫자값이 된다. 만약 local first=2001로 바꾸고 실행한다면 이후에 나오는 모든 `first'는 2001이라는 값으로 바뀐다. 이는 local last=2003과 이후에 나오는 `last'에도 동일한 메커니즘이 적용된다. local first=1907와 local last=2003으로 인해 local observ=97로 자동으로 정의되며 `observ'는 97이란 의미가 부여되어 set obs 97작업과 generate year=1907-1+_n의 과정이 자동으로 이루어지는 것이다.

---

1   [그림 11.2]의 (b)에 나오는 매크로는 로컬 매크로를 사용함

11.2 로컬 매크로 & 글로벌 매크로

11.1 들어가기를 통해 매크로의 필요성 및 역할에 대해 알아보았다. 1. 들어가기는 매크로에 대해 소개하기 위해 예시로 로컬 매크로를 사용하였는데, 매크로는 로컬 매크로와 글로벌 매크로 두 가지가 있다. 두 매크로 모두 기본적으로 의미를 부여하고 의미를 부여한 것을 활용한다는 점에서 공통점이 있다. 또한 의미를 부여하기 위한 문법의 모양이 비슷하다. 로컬 매크로의 경우 [local a=*어쩌구저쩌구*]이며 글로벌 매크로는 [global a=*어쩌구저쩌구*]이다. 그러나 이들은 의미를 부여하는 범위와 활용하기 위한 문법에서 차이가 있다. 로컬 매크로(local macro)는 말 그대로 로컬(local) 즉 지역적이기 때문에 해당 do파일 내에서만 실행되고 다른 do파일에서 정의한 로컬 매크로를 활용할 수 없다. 그래서 do파일 전체 내용을 실행하는 것이 아니라면 반드시 매번 로컬

표 11.1 로컬 매크로와 글로벌 매크로의 공통점 및 차이점

구분		로컬 매크로	글로벌 매크로
공통점	기본 역할	의미를 부여하고 그 의미 부여한 것을 활용함	
	의미 부여: 방식이 비슷함	local a=*어쩌구저쩌구*	global a=*어쩌구저쩌구*
차이점	의미가 부여되는 범위	한 개의 do파일에만 국한됨 ⇒ 반드시 매번 의미 부여하는 부분부터 드래그 후 실행해야 함	한 개의 do파일에만 국한되지 않음 ⇒ 의미 부여하는 부분을 한번만 실행하면 되며, 다른 do파일에서도 이미 정의한 글로벌 매크로를 사용할 수 있음
	의미 부여한 매크로의 사용 (매크로명 a라고 가정)	`a'	$a

주: 의미 부여한 로컬 매크로(로컬명을 a로 했다고 가정)를 활용하기 위해선 기본적으로 `a'를 해야 됨. 이때 a 앞의 `는 키보드 1 옆에 있는 기호를 쳐야 됨에 주의

매크로를 정의하는 부분부터 드래그하고 실행해야 정의한 로컬 매크로를 사용할 수 있다. 반면 글로벌 매크로(global macro)는 범위가 넓어서 글로벌 매크로를 정의하는 부분을 한 번 실행해주고 나면 영구적으로 사용 가능하며, 심지어 다른 do파일에서도 사용할 수 있다. 로컬 매크로는 정의한 부분을 사용하기 위해서(로컬명을 a라고 가정함) `a'로 표시해야 하고, 글로벌 매크로는 정의한 부분을 사용하기 위해서(글로벌명을 a라고 가정함) $a로 앞에 달러표시($)를 입력해야 한다. 이와 관련하여 주의할 점은 로컬 매크로를 사용하기 위해서 `a'로 표기해야 된다고 언급했는데 `부분은 다른 통계프로그램과 다르게 반드시 1 옆에 있는 버튼을 눌러야 된다. 이를 표로 정리하면 [표 11.1]과 같다.

우선 로컬 매크로부터 각 상황에 따라 어떻게 정의하는지 조금 더 구체적으로 살펴보고 나서 글로벌 매크로를 살펴보고자 한다.

11.2.1 로컬 매크로

표 11.2　경우에 따른 로컬 매크로 정의하는 문법과 간단 예시

구분	문법	설명	간단 예시
①	local 로컬명=숫자값	숫자값 정의	local a=1
②	local 로컬명=수식	수식활용	local a=(1+7)/2
③	local 로컬명 [`]"문자값"[']	문자값 정의	local a "가_나_다"
④	local 로컬명=함수	함수활용	local a=subinstr("가_나_다"," ","_",.)
⑤	local 로컬명 : 매크로 확장된 함수	매크로 확장된 함수활용	local b : word count 가 나 다

주: 상기 내용은 로컬 매크로를 정의내리는 방법이며, 앞서 정의한 로컬 매크로(로컬명을 a로 했다고 가정)를 활용하기 위해선 기본적으로 `a'를 해야 됨. 이때 a 앞의 `는 키보드 1 옆에 있는 기호를 쳐야 됨에 주의

로컬 매크로를 정의할 시 [표 11.2]처럼 대략 5가지로 나누어 정의할 수 있다. 경우에 따라서 숫자값이 될 수 있고(①), 수식이 될 수 있으며(②), 문자값이 될 수 있고(③) 함수(④)가 될 수 있다. 그리고 매크로 내에서만 별도로 사용할 수 있는 매크로 확장된 함수(⑤)도 있다. 이제 숫자값부터 각각 예시를 통해 어떻게 사용되는지 나올 것인데 [표 11.2]를 보면 이해될 것이다. 예제파일인 시작.dta파일을 열고(use 시작.dta,clear) 예제 do파일의 내용을 실행해보도록 하자.

1 숫자값 예시

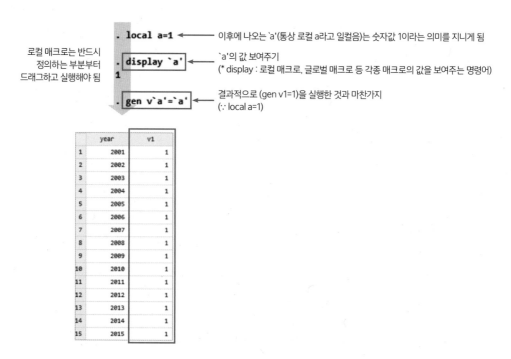

그림 11.4   로컬 매크로 숫자값 예시

[그림 11.4]은 [표 11.2]의 ①의 사용 예시를 나타내고 있다. local a=1로 인해 이후에 나오는 `a'(통상 로컬 a라고 일컬음)는 숫자값 1이라는 의미를 지니게 된다. 그래서 로컬 매크로, 글로벌 매크로 등 각종 매크로의 값을 보여주는 명령어인 display 명령어를

사용하여 `a'의 값을 확인하면 1이라는 값을 알 수 있다. 그래서 (gen v`a'=`a')을 실행하면 결과적으로 (gen v1=1)을 실행한 것과 마찬가지이기에 데이터엔 v1란 변수가 생성되고 모든 변수값은 1이 된다. 물론 앞서 언급했듯이 로컬 매크로를 정의하는 부분인 local a=1부터 드래그하고 실행해야 한다. 그렇지 않으면 `a'는 아무 값이 없는 것과 마찬가지라서 display `a'는 display만 실행한 것이 되고 아무런 값도 보여주지 못한 채 넘어가게 된다. 그리고 (gen v`a'=`a')은 결과적으로 (gen v=)을 실행한 것과 마찬가지이기 때문에 invalid syntax라는 에러가 나타나게 된다.

2 수식 예시

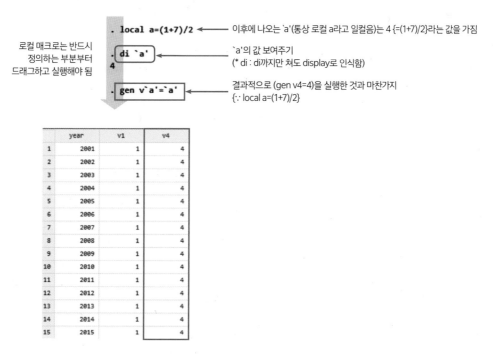

그림 11.5 로컬 매크로 수식 예시

[그림 11.5]는 [표 11.2]의 ②의 사용 예시를 나타내고 있다. local a=(1+7)/2로 인해 이후에 나오는 `a'는 4라는 의미를 지니게 된다. 그래서 display 명령어를 사용하

여 `a'의 값을 확인하면 4이라는 값을 알 수 있다(단 여기선 약어 di 사용). 그래서 (gen v`a'=`a')을 실행하면 결과적으로 (gen v4=4)을 실행한 것과 마찬가지이기에 데이터엔 v4란 변수가 생성되고 모든 변수값은 4가 된다. 물론 앞서 언급했듯이 로컬 매크로를 정의하는 부분인 local a=(1+7)/2부터 드래그하고 실행해야 한다. 그렇지 않으면 `a'는 아무 값이 없는 것과 마찬가지라서 display `a'는 display만 실행한 것이 되고 아무런 값도 보여주지 못한 채 넘어가게 된다. 그리고 (gen v`a'=`a')은 결과적으로 (gen v=) 을 실행한 것과 마찬가지이기 때문에 invalid syntax라는 에러가 나타나게 된다.

3 문자값 예시

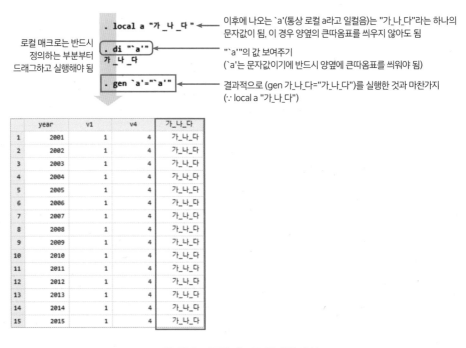

그림 11.6   로컬 매크로 문자값 예시

[그림 11.6]은 [표 11.2]의 ③의 사용 예시를 나타내고 있다. local a "가_나_다"로 인해 이후에 나오는 `a'는 "가_나_다"라는 문자값이 된다. 그래서 display 명령어를 사용하여 `a'의 값을 확인하면(di "`a'") "가_나_다"라는 값을 알 수 있다. 여기서 주의해

야 할 점은 `a'는 문자값을 갖고 있기 때문에 `a' 양옆에 큰따옴표를 취해야 한다는 점이다. 단 (gen `a'="`a'")에서처럼 변수명을 입력하는 부분은 양옆에 큰따옴표를 취하지 않아도 된다. 이 부분을 실행하면 결과적으로 (gen 가_나_다="가_나_다")를 실행한 것과 마찬가지이기 때문에 데이터엔 가_나_다라는 변수가 생성되고 모든 변수값은 "가_나_다"라는 문자값이 된다. 물론 앞서 언급했듯이 로컬 매크로를 정의하는 부분인 local a "가_나_다"부분부터 드래그하고 실행해야 한다. 그렇지 않으면 `a'는 아무 값이 없는 것이라 마찬가지라서 display `a'는 display만 실행한 것이 되고 아무런 값도 보여주지 못한 채 넘어가게 된다. 그리고 (gen `a'="`a'")은 결과적으로 (gen ="")을 실행한 것과 마찬가지이기 때문에 too few variables specified(변수가 너무 적게 정해지지 않음)이라는 에러가 나타나게 된다.

4 함수 예시

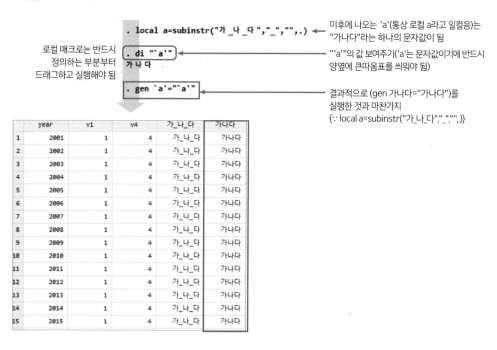

그림 11.7   로컬 매크로 함수 예시

[그림 11.7]은 [표 11.2]의 ④의 사용 예시를 나타내고 있고 여러 함수 중 찾아바꾸기 함수(subinstr)를 사용했다. local a=subinstr("가_나_다","_","",.)로 인해 이후에 나오는 `a'는 "가나다"라는 문자값이 된다. 그래서 display 명령어를 사용하여 `a'의 값을 확인하면(di "`a'") "가나다"라는 값을 알 수 있다. 여기서 주의해야 할 점은 함수를 사용했다 하더라도 `a'는 문자값을 갖고 있기 때문에 `a' 양옆에 큰따옴표를 취해야 된다는 점이다. 단 (gen `a'="`a'")에서처럼 변수명을 입력하는 부분은 양옆에 큰따옴표를 취하지 않아도 된다. 이 부분을 실행하면 결과적으로 (gen 가나다="가나다")를 실행한 것과 마찬가지이기 때문에 데이터엔 가나다란 변수가 생성되고 모든 변수값은 "가나다"라는 문자값이 된다. 물론 앞서 언급했듯이 로컬 매크로를 정의하는 부분인 local a=subinstr("가_나_다","_","",.)부분부터 드래그하고 실행해야 한다. 그렇지 않으면 `a'는 아무 값이 없는 것과 마찬가지라서 display `a'는 display만 실행한 것이 되고 아무런 값도 보여주지 못한 채 넘어가게 된다. 그리고 (gen `a'="`a'")은 결과적으로 (gen ="")을 실행한 것과 마찬가지이기 때문에 too few variables specified(변수가 너무 적게 정해지지 않음)이라는 에러가 나타나게 된다.

5 매크로 확장된 함수 예시

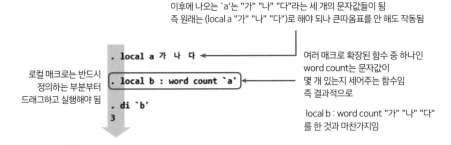

그림 11.8   로컬 매크로 확장된 함수 예시

[그림 11.8]은 [표 11.2]의 ⑤의 사용 예시를 나타내고 있으며 여러 함수 중 word count라는 함수를 사용했다. 매크로 확장된 함수의 특징은 일반 함수와 다르게 등호(=) 대신 콜론(:)을 사용한다는 점이 특징이다. 우선 (local a 가 나 다)로 인해 이후에 나오는 `a'는 "가" "나" "다"라는 세 개의 문자값 모임이 된다. 즉 원래는 (local a "가" "나" "다")로 해야 되나 굳이 큰따옴표를 안해도 작동된다. 이는 앞서 문자값 예시로 보인 🔳 문자값에서도 동일하게 적용된다. 여기서 `a'는 문자값 3개가 있는 것을 쉽게 알 수 있긴 하지만 매크로 확장된 함수의 예시 중 하나를 들고자 word count 함수를 사용하였다. [local b : word count `a']를 통해 `b'는 word count 함수의 결과값이 입력되는데 `a'의 값을 고려하면 결과적으로 [local b : word count "가" "나" "다"]를 수행한 결과가 되어 `b'의 값은 3으로 나타나게 된다. 한편 word count 함수를 사용함과 관련하여 주의할 점은 [local b : word count "`a'"]처럼 `a' 양옆에 큰따옴표를 취하면 1이라는 값이 나오게 된다. "`a'"를 하게 되면 "가 나 다"란 하나의 문자값으로 나타나기 때문이다.

word count 함수 이외에도 여러 매크로 확장된 함수가 있는데, 다른 매크로 확장된 함수를 확인하고 싶을 경우 명령문창에 help macro라고 입력한 다음 푸른색의 macro_fcn를 클릭하면 알 수 있다.

11.2.2 글로벌 매크로

글로벌 매크로를 정의할 경우, 로컬 매크로와 마찬가지로 [표 11.3]처럼 대략 5가지로 나누어 정의할 수 있다. 경우에 따라서 숫자값이 될 수 있고(①), 수식이 될 수 있으며(②), 문자값이 될 수 있고(③) 함수(④)가 될 수 있다. 그리고 매크로 내에서만 별도로 사용할 수 있는 매크로 확장된 함수(⑤)도 있다. 문법을 보면 local 대신 global로 바뀌었을 뿐 동일하기 때문에 숫자값 예시(①)와 문자값 예시(③)만 보고자 한다.

표 11.3   경우에 따른 글로벌 매크로 정의하는 문법과 예시

구분	문법	설명	예시
①	global 글로벌명=숫자값	숫자값 정의	global a=1
②	global 글로벌명=수식	수식 활용	global a=(1+7)/2
③	global 글로벌명 [`]"문자값"[']	문자값 정의	global a "가_나_다"
④	global 글로벌명=함수	함수 활용	global a=subinstr("가나다","_","",.)
⑤	global 글로벌명 : 매크로 확장된 함수	매크로 확장된 함수 활용	global b : word count 가 나 다

주: 상기 내용은 글로벌 매크로를 정의 내리는 방법이며, 정의 내린 글로벌 매크로(글로벌명을 a로 했다고 가정)를 활용하기 위해서는 기본적으로 $a를 해야 됨

1 숫자값 예시

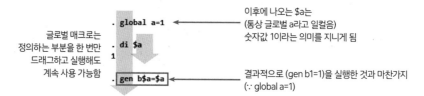

이후에 나오는 $a는
(통상 글로벌 a라고 일컬음)
숫자값 1이라는 의미를 지니게 됨

글로벌 매크로는
정의하는 부분을 한 번만
드래그하고 실행해도
계속 사용 가능함

결과적으로 (gen b1=1)을 실행한 것과 마찬가지
(∵ global a=1)

	year	v1	v4	가_나_다	가나다	b1
1	2001	1	4	가_나_다	가나다	1
2	2002	1	4	가_나_다	가나다	1
3	2003	1	4	가_나_다	가나다	1
4	2004	1	4	가_나_다	가나다	1
5	2005	1	4	가_나_다	가나다	1
6	2006	1	4	가_나_다	가나다	1
7	2007	1	4	가_나_다	가나다	1
8	2008	1	4	가_나_다	가나다	1
9	2009	1	4	가_나_다	가나다	1
10	2010	1	4	가_나_다	가나다	1
11	2011	1	4	가_나_다	가나다	1
12	2012	1	4	가_나_다	가나다	1
13	2013	1	4	가_나_다	가나다	1
14	2014	1	4	가_나_다	가나다	1
15	2015	1	4	가_나_다	가나다	1

그림 11.9   글로벌 매크로 숫자값 예시

[그림 11.9]는 [표 11.3]의 ①의 사용 예시를 나타내고 있다. global a=1로 인해 이후에 나오는 $a(통상 글로벌 a라고 일컬음)는 숫자값 1이라는 의미를 지니게 된다. 그래서 display 명령어를 사용하여 $a의 값을 확인하면 1이라는 값을 알 수 있다. 그래서 (gen b$a=$a)을 실행하면 결과적으로 (gen b1=1)을 실행한 것과 마찬가지이기 때문에 데이터에는 b1란 변수가 생성되고 모든 변수값은 1이 된다. 물론 앞서 언급했듯이 로컬 매크로와 달리 정의하는 부분인 global a=1 부분을 한 번 드래그하고 실행하고 나면 $a를 영구적으로 사용할 수 있다. 즉 global a=1을 한 번 드래그하고 실행하기만 하면 display $a만 따로 드래그하여 실행해도 1이란 값이 결과창에 계속 나타난다.[2]

2 문자값 예시

그림 11.10 글로벌 매크로 문자값 예시

---

2 반면 gen b$a=$a 부분을 계속 실행할 수 없는 이유는 동일한 변수인 b1을 계속 생성할 수 없기 때문임

[그림 11.10]은 [표 11.3]의 ③의 사용 예시를 나타내고 있다. glo b "global"로 인해 이후에 나오는 `b'는 "global"라는 문자값이 된다. 그래서 display 명령어를 사용하여 $b의 값을 확인하면(di "$b") "global"라는 값을 알 수 있다. 여기서 주의해야 할 점은 $b는 문자값을 갖고 있기 때문에 $b 양옆에 큰따옴표를 취해야 된다는 점이다. 단 (gen ba="ba")에서처럼 변수명을 입력하는 부분은 양옆에 큰따옴표를 입력하지 않아도 된다. 이 부분을 실행하면 결과적으로 (gen global1="global1")를 실행한 것과 마찬가지이기 때문에 데이터에는 global1이란 변수가 생성되고 모든 변수 값은 "global1"라는 문자값이 된다. 그런데 do파일 내용을 잘 보면 $a를 정의하는 부분이 없다. 이는 어디에 있는가? 이는 숫자값 예시 부분에 있으며 global a=1이다. 즉 숫자값 예시를 통해 이미 한 번 정의했기 때문에 영구적으로 사용 가능하기에 굳이 global a=1 부분을 복사하고 붙여 넣지 않았음을 알 수 있다. 글로벌 매크로는 말 그대로 글로벌하기 때문에 한 번 정의하고 나면 계속 사용할 수 있다. 또한 이미 global b "global" 부분을 드래그하고 실행했기 때문에 di "$b" 부분만 드래그하고 실행해도 "global"이라는 값이 결과창에 계속 나타난다.

3 매크로 리스트

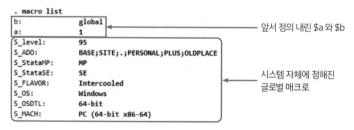

주: 상기 그림은 do파일에서 글로벌 매크로의 숫자값 예시, 문자값 예시 부분을 실행한 다음, 명령문창에 macro list를 실행한 결과임. 만약 do파일에서 use 시작.dta,clear 부분부터 macro list 부분까지 드래그하고 실행하면 a와 b 별도로 _a와 _b가 나타나게 되는데 이것은 최종적으로 정의된 로컬 a(`a')와 로컬 b(`b')를 의미함

그림 11.11   매크로 리스트

내가 정의한 매크로의 리스트를 확인할 때는 [그림 11.11]처럼 macro list라는 명령어

를 사용해주면 된다. a와 b가 앞서 정의한 글로벌 a와 글로벌 b 매크로와 값이 무엇인지 나타내고 있다.[3] 그리고 S_로 시작되는 것들은 시스템 자체에 정해진 글로벌 매크로이다. 그래서 이들은 사용자의 의지와 관계없이 macro drop _all로 내가 설정한 매크로를 없앤다 하더라도 여전히 남아 있다.

11.3 기본 명령어에 숨어 있는 매크로

6장에 소개된 명령어에서 describe, summarize, tabulate, count, label list들은 명령어를 실행하고 나면 매크로가 저장된다. 이들을 잘 활용하면 데이터 작업을 편하게 할 수 있다. 비단 이들 명령어뿐만 아니라 다른 명령어에도 존재하는데 이러한 매크로의 유무를 알려면 명령문창에 help 명령어를 사용해야 된다.

[그림 11.12]처럼 describe를 예로 들면, 스크롤바를 맨 아래에 두면 stored results라고 나오는데 거기에 Scalars와 Macros가 나타난다. 공통적으로 r()들이 나타나는데[4] 이들은 명령어를 사용하면 자동으로 저장되기 때문에, 이들을 적절히 사용하면 데이터 작업을 자동화하여 편하게 처리할 수 있다. 기본 명령어에 숨어 있는 매크로의 활용 예시로 describe 명령어를 사용할 것이며 이를 reshape 작업을 수월하게 할 수 있도록 적용하고자 한다. 즉, reshape wide 또는 long함에 있어서 id 변수 및 year 변수의 화살을 받는 여러 변수들을 쉽게 지정하게 해 준다. 참고로 이 작업에 사용될 예제2.dta의 데이터를 보면 알 수 있듯이 패널자료이며 id 변수 및 year 변수의 화살을 받는 변수들이 10개나 존재한다.

---

3 [그림 11.11]은 do파일에서 글로벌 매크로의 숫자값 예시, 문자값 예시 부분을 실행한 다음, 명령문창에 macro list를 실행한 결과임. 만약 do파일에서 use 시작.dta,clear 부분부터 macro list 부분까지 드래그하고 실행하면 a와 b 별도로 _a와 _b가 나타나게 되는데 이것은 최종적으로 정의된 로컬 a(`a')와 로컬 b(`b')를 의미함

4 보통은 r()로 저장되며 통계분석과 관련된 매크로(와 Scalars)는 e()에 저장됨

그림 11.12   명령어에 숨어있는 매크로(예시: describe)

11.3.1 전체 변수리스트를 뽑아내기

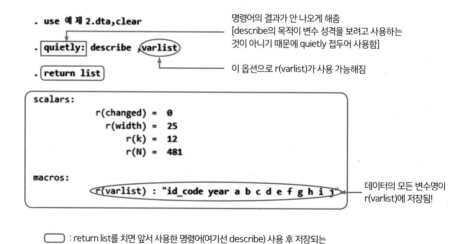

그림 11.13   전체 변수리스트를 뽑아내기

[그림 11.13]처럼 예제2.dta를 열고나서 (use 예제2.dta, clear) 전체 변수리스트를 뽑아

내고자 한다. 그리고 나중에 그 전체 변수리스트에서 id변수(변수명: id_code)와 시간 변수(변수명: year)를 없앰으로써 (id변수와 시간변수)의 화살을 받는 변수들만 남길 것이다. 전체 변수리스트를 뽑기 위해서 describe 명령어를 사용할 것이다. 전체 변수리스트를 뽑으려면 varlist라는 옵션을 사용해줘야 한다. 그래야 r(varlist)을 사용할 수 있기 때문이다. 이를 통해 알 수 있는 건 describe의 목적이 변수 성격을 보고자 하는 것이 아니라는 것이다. 굳이 볼 필요 없다. 그래서 describe를 통해 나타나는 표가 보이지 않게 하기 위해 quietly란 접두어(qui까지만 쳐도 됨)를 사용하였다. return list를 치면[5] 앞에 사용한 명령어(여기선 describe)를 사용 후 저장되는 r()들이(scalar와 macro) 나타난다. return list를 통해 r(varlist)가 나타나고 사용 가능함을 알 수 있다. 이제 이를 매크로(여기선 글로벌 매크로)에 저장한 다음 id_code와 year를 제거하고자 한다.

11.3.2   전체 변수리스트를 매크로에 저장 후 필요 없는 변수명 제거

[그림 11.14]의 1단계처럼 명령어를 사용하고 나서 나타나는 매크로와 Scalar들은 로컬 매크로 또는 글로벌 매크로에 저장하는 것을 추천한다. 다른 명령어를 사용하면 이들이 사라질 수 있기 때문이다. 여기서는 r(varlist)를 사용하고자 하는데 로컬 매크로 또는 글로벌 매크로에 저장하지 않으면 r(varlist)의 정보가 사라지기 때문이다. 또한 [그림 11.14]의 1단계에서 보듯이 로컬 매크로 또는 글로벌 매크로에 저장할 때 가능하면 r() 양옆에 `와 '를 사용할 것을 권한다. 이제 [그림 11.14]의 1단계의 작업을 통하여 글로벌 var, $var에는 r(varlist) 즉 데이터 내의 모든 변수명이 저장됐다. 그다음 단계로 변수명 내에 id_code(id변수)와 year(시간변수)를 제거하면 된다. 이 작업이 각각 2단계, 3단계 작업이 되겠다. 3단계까지 거치고 나면 $var엔 (id변수, 시간변수)의 화살을 받는 변수들(a, b, c, d, e, f, g, h, i, j)만 남게 된다.

---

5   통계분석과 관련된 매크로는 ereturn list라고 쳐야 나옴

웬만하면 r(.) 양옆에 `와 '를 취하는 것이 좋음

1단계:
r(varlist)를
글로벌 매크로에 저장하기
```
. global var `r(varlist)'

. di "$var"
id_code year a b c d e f g h i j
```

2단계:
"$var"에서 id_code
없애기
```
. global var=subinstr("$var","id_code","",.)

. di "$var"
 year a b c d e f g h i j
```

3단계:
"$var"에서
year 없애기
```
. global var=subinstr("$var","year","",.)

. di "$var"
 a b c d e f g h i j
```

그림 11.14   전체 변수리스트를 매크로에 저장 후 필요 없는 변수명 제거

이제 [그림 11.15]처럼 reshape wide 작업에서 a b c d e f g h i j 대신 $var를 입력해주고 실행하면 long→wide로 손쉽게 바뀐다. 만약 매크로를 사용하지 않았다면

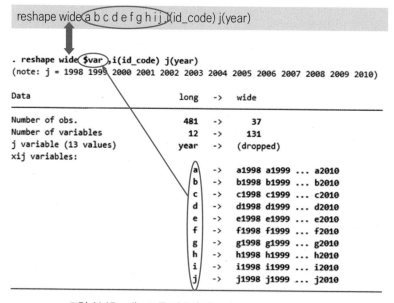

```
reshape wide a b c d e f g h i j i(id_code) j(year)


. reshape wide $var ,i(id_code) j(year)
(note: j = 1998 1999 2000 2001 2002 2003 2004 2005 2006 2007 2008 2009 2010)

Data                            long    ->    wide

Number of obs.                   481    ->       37
Number of variables               12    ->      131
j variable (13 values)          year    ->    (dropped)
xij variables:
                                   a    ->    a1998 a1999 ... a2010
                                   b    ->    b1998 b1999 ... b2010
                                   c    ->    c1998 c1999 ... c2010
                                   d    ->    d1998 d1999 ... d2010
                                   e    ->    e1998 e1999 ... e2010
                                   f    ->    f1998 f1999 ... f2010
                                   g    ->    g1998 g1999 ... g2010
                                   h    ->    h1998 h1999 ... h2010
                                   i    ->    i1998 i1999 ... i2010
                                   j    ->    j1998 j1999 ... j2010
```

그림 11.15   매크로를 이용하여 reshape wide 쉽게 하기

[reshape wide a b c d e f g h i j,i(id_code) j(year)]로 일일이 전부 입력했었을 것이다. 또한 동태적으로 데이터 작업을 할 때 다른 변수가 추가되어 처음부터 다시 작업해야 할 수도 있다. 그럴 경우 이에 맞게 do파일을 수정했었어야 했다. 그러나 매크로를 사용한다면 데이터구조만 바뀌지 않는다면 $var에는 (id변수, 시간변수)의 화살을 받는 변수들이 유기적이고 자동으로 정해질 것이며 do파일 내용을 크게 바꾸지 않고 자동적으로, 원활하게 작업할 수 있을 것이다. 이는 한 예시에 불과하며 매크로를 잘 활용한다면 반복적인 명령을 최소화시켜 편안하면서 그러나 세밀하게 작업할 수 있을 것이다. 매크로는 사용자의 머리 속을 복잡하게 만들기 위한 것이 아니라 편리하게 작업하기 위해 탄생한 것이기 때문이다.

1. 아래 그림은 각각 숫자 1과 10에 대하여 변수와 변수값을 만든 그림이다. 이를 로컬 매크로를 사용하여 손쉽게 데이터를 생성할 수 있게 수정해보자.

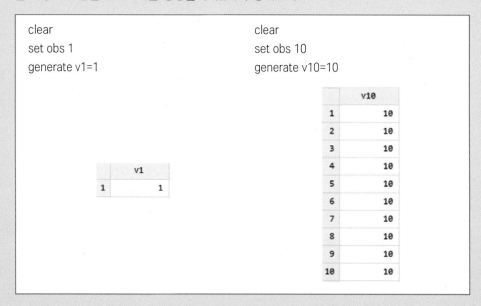

```
clear                          clear
set obs 1                      set obs 10
generate v1=1                  generate v10=10
```

2. 위의 문제를 로컬 매크로 대신 글로벌 매크로를 사용하여 수정해보자.

3. help summarize를 명령문창에 친 다음 Stored results 부분을 참고하여 Stata 예제파일 auto.dta파일을 열어(sysuse auto.dta,clear) price의 10번째 퍼센타일(10th percentile) 이하의 weight의 평균을 구해보자.

4. 아래의 Stata 코드를 실행한 결과를 참조하여 결과창에 "3에서 1을 더하면 4입니다."라는 글귀가 나오게 do파일을 작성해보라.

```
local a=3
display "로컬 a는 `a'입니다."
display `=`a'+1'
```

12

고생을 줄여주는
반복문(loop)과 조건문

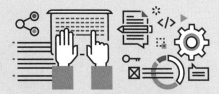

LEARNING OBJECTIVE

do파일을 짜다보면 반복 작업을 하기 귀찮을 수 있다. 만약 이것이 반복 작업이란 것을 컴퓨터에게 명시해줄 수 있다면 do파일을 효율적으로 작성할 수 있을 것이다. 이를 위한 명령어가 반복문(loop)이다. 또한 반복 작업을 하는 중간에 어느 특정 부분에 예외 작업을 하라고 지시할 수 있을 것이다. 이때 사용하는 것이 조건문이다. 12장에서는 이런 수고로움을 줄여주는 반복문(loop)과 조건문을 소개할 것이다. 반복문과 관련하여 forvalues, foreach, while문을 소개하면서 foreach와 콜라보하여 사용되는 levelsof를 소개하고 이중루프(nested-loop)를 소개할 것이다. 그런 다음 조건문을 소개하고자 한다.

CONTENTS

12.1 forvalues

보통 반복문하면 for 하나로 나오지만, Stata에선 for문이 forvalues와 foreach 두 가지로 나뉜다. forvalues는 consecutive한 숫자에 대해 반복 작업하는 명령어이다. 사실 foreach 부분에서 다룰 [foreach 로컬명 of numlist]가 consecutive한 숫자는 물론 non-consecutive한 숫자에 대해서도 다루어서 forvalues 대신에 사용해도 되긴 한다. 그러나 consecutive한 숫자와 관련해선 forvalues가 가장 빠른 방법이다.[1] 각설하고 forvalues 명령어 사용 예시를 하나씩 살펴보기로 하겠다.

12.1.1 단순 1씩 증가하는 숫자에 대하여

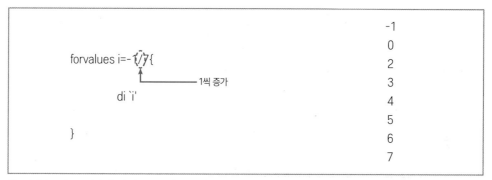

주: 만약 forvalues 다음에 i 대신 runner라고 적었다면 -1, 1, … 7이 들어갈 곳을 `i`대신 `runner`라고 적어야 함

그림 12.1 forvalues: 단순 1씩 증가하는 숫자에 대하여

[그림 12.1]처럼 단순 1씩 증가하는 숫자에 대해 반복 작업할 때 슬러쉬(/)를 사용하면 된다. 처음엔 −1에 대해서 작업이 이루어지고 그다음에는 1, 마지막에는 7에 대한

---

1 명령문창에 help foreach라고 치면 나오는 설명에 나옴(Also see [P] forvalues, which is the fastest way to loop over consecutive values, such as looping over numbers from 1 to k.)

반복 작업이 이루어진다. 마치 숫자 -1이 1번 타자가 되어 이어달리기를 하는 것처럼 말이다. forvalues를 포함하여 foreach 반복문은 마치 달리기 주자가 있는 이어달리기라고 생각하면 되며, 중괄호(brace) 안에 있는 명령문들은 이어달리기 트랙이라고 생각하면 된다.

[그림 12.1]을 보면 알 수 있듯이 -1, 1, … 7의 달리기 주자는 로컬 i(`i')에 들어가 작업을 반복적으로 수행한다. 즉 Stata에서 반복문은 기본적으로 로컬 매크로를 활용함을 알 수 있으며, 이는 foreach, while문에도 동일하게 적용된다. 그리고 달리기 주자들이 `i'에 들어가 반복 작업을 수행한 이유는 forvalues 다음에 로컬명을 i로 정했기 때문이다. 만약 forvalues 다음에 i 대신 runner라고 적었다면 중괄호 안에 달리기 주자가 들어가서 시행될 곳을 `runner'라고 적어야 할 것이다.

12.1.2　단순 2씩 증가하는 숫자에 대하여

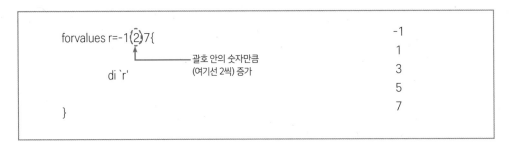

그림 12.2　forvalues: 단순 2씩 증가하는 숫자에 대하여

[그림 12.2]처럼 단순 2씩 증가하는 숫자에 대해 반복 작업을 할 때 슬러쉬 대신 (2)를 사용하면 된다. 만약 감소하는 방향이면 괄호 안에 음수를 입력하면 된다. 그 대신 괄호를 기준으로 왼쪽은 오른쪽 숫자보다 더 큰 수를 입력해야 된다. [그림 12.2]의 경우, 처음엔 -1에 대해서 작업이 이루어지고 그다음에는 1, 마지막에는 7에 대한 반복 작업이 이루어진다. 이번에는 달리기 주자가 들어갈 곳을 i가 아닌 r로 설정했기 때문에 중괄호 안에 `i' 대신 `r'로 바뀌었음을 알 수 있다.

12.1.3 간단 데이터 적용 예시

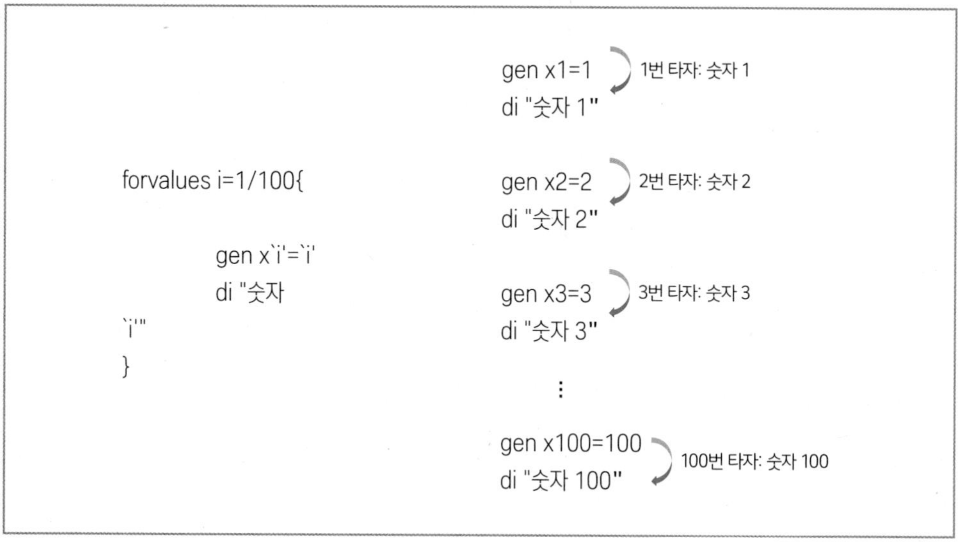

그림 12.3 forvalues: 간단 데이터 적용 예시

[그림 12.3]은 display를 보여주는 것을 포함하여 실제 데이터 작업에 어떻게 적용되는지 간단한 예시를 들었다. 이번엔 display 명령어뿐만 아니라 generate 명령어가 사용되어 달리기 트랙이 이전과 비교하여 좀 더 늘어났다. 괜히 괄호 안의 내용을 달리기 트랙이라고 비유한 것이 아니다. [그림 12.3]의 경우 각 달리기 주자는 오른쪽 그림처럼 반바퀴를 generate 명령어 작업 부분[gen x`i'=`i']을 돌고 나서 나머지 반바퀴를 display 작업 부분[di "숫자 `i'"]을 돌 것이기 때문이다. 즉 generate 작업을 100번 하고 나서 display 작업을 한 것이 아니라는 것이다.

[그림 12.3]을 수행하고 나면 데이터편집기엔 x1 ~ x100까지 새로운 변수가 만들어짐을 알 수 있다. 비록 간단한 예이지만 반복문이 없었다면 힘들고 고단한 수작업이 필요했었을 것임을 짐작할 수 있다. [그림 12.3]은 간단한 예시이며 실제 데이터 작업은 이보다 훨씬 더 복잡하기 때문에, 반복문이 아니라면 칼퇴근은 꿈도 못 꿀 것이다.

12.2   foreach

foreach는 forvalues처럼 달리기 주자가 존재하고 이들이 지정된 로컬 매크로에 들어가 이어달리기를 하는 방식으로 반복 작업을 수행하는 것은 동일하다. foreach는 앞에서 언급했듯이 non-consecutive한 숫자에 대해서, 이외에도 여러 아이템(item)에 대해서 반복 작업을 수행한다. 어떤 아이템(item)에 대해서 반복 작업을 수행하는지 살펴보자.

12.2.1   단순 특정 아이템에 대하여

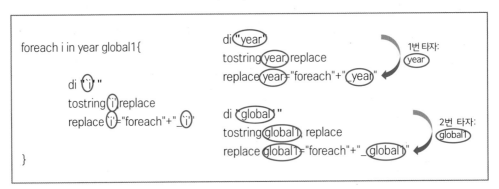

그림 12.4   foreach: 단순 특정 아이템에 대하여

[그림 12.4]는 단순 특정 아이템에 대하여 반복 작업하는 모습을 보여주고 있다. [그림 12.4]를 보면 알 수 있듯이 [foreach 로컬명 in 아이템1 아이템2 ...]로 로컬명 다음에 전치사 in을 입력해줘야 한다. 이 경우를 제외한 다른 경우는 모두 전치사 of를 사용한다고 생각하면 된다. [그림 12.4]에서는 year와 global1이라는 두 가지 아이템에 대해서 반복 작업하고 있음을 알 수 있다.

참고로 year와 global1은 모두 예제데이터(예제.dta)에 있는 변수들이며 [그림 12.4]에서 display 명령어를 제외한 나머지 명령어들은 변수들에 대한 작업임을 알 수 있다. 사실 Stata 설명을 보면 변수에 대한 반복 작업에 대해서는 후에 기술될 [foreach 로컬명 of varlist] 부분을 사용한다. 하지만 반복 작업해야 될 변수의 개수가 적고 그 변수들의 이름에 규칙성이 없다면 [그림 12.4]처럼 [foreach 로컬명 in 아이템1 아이템2 ...]을 써도 작동이 된다. 즉 변수에 대한 반복 작업과 관련해서 특별한 경우가 아니면 [그림 12.4]처럼 사용해도 된다는 것이다. 보통 다른 Stata 설명에 이러한 언급이 없기 때문에 일부러 예시로 변수명인 year와 global을 사용했다.

12.2.2   숫자리스트에 대하여

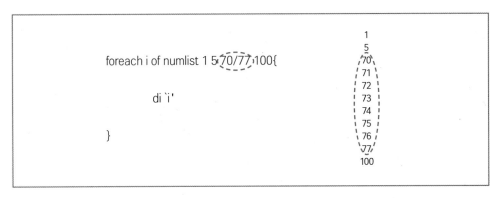

주: 상기 예시처럼 non-consecutive한 숫자리스트에 대해서 반복 작업이 가능함

그림 12.5   foreach: 숫자리스트에 대하여

[그림 12.5]처럼 숫자리스트에 대해서 반복 작업할 땐 로컬명 뒤에 전치사 of와 함께 numlist를 사용하고 그다음에 숫자리스트를 적으면 된다. 앞서 forvalues에서 언급됐듯이 [그림 12.5]처럼 non-consecutive한 숫자에 대해서도 다룰 수 있다. 이러한 특성 때문에 반복문(loop)을 사용할 때 foreach, while만 사용해도 가능하다. 그러나 이미 forvalues에서 언급했듯이 forvalues는 consecutive한 숫자에 대해서는 가장 빠른 속도를 내기 때문에, 상황에 맞게 forvalues와 foreach를 적절히 사용하면 될 것이다.

12.2.3 로컬 매크로에 대하여

```
local a 가 나 다
foreach i of local a{

        di "`i'"

}
```
가
나
다

그림 12.6   foreach: 로컬 매크로에 대하여

때로는 아이템들이 로컬 매크로에 존재할 수 있다. 그럴 때 [그림 12.6]처럼 반복 작업해 주면 된다. 전치사 of 다음에 local을 입력한 다음 띄어쓰기 후 아이템들이 들어가 있는 로컬 매크로의 이름(예시에선 a)을 입력해주면 된다. 11장에서 언급했듯이 로컬 매크로의 특성을 고려하여 당연히 로컬 매크로를 정의하는 부분부터 드래그한 다음 실행하는 것을 잊어서는 안된다.

12.2.4 글로벌 매크로에 대하여

```
global a 가 나 다
foreach i of global a{

        di "`i'"

}
```
가
나
다

그림 12.7   foreach: 글로벌 매크로에 대하여

아이템들이 글로벌 매크로에 있을 경우 [그림 12.7]처럼 입력하고 수행하면 된다. 전치사 of 다음에 global을 입력한 다음 띄어쓰기 후 아이템들이 들어가 있는 글로벌 매크로의 이름(예시에선 a)을 입력해주면 된다. 11장에서 언급했듯이 글로벌 매크로의 특성을 고려하여 당연히 글로벌 매크로를 정의하는 부분을 한 번 실행하고 나면, 그다음부터는 foreach 부분부터 드래그하고 실행해도 반복 작업이 실행된다.

12.2.5 변수리스트에 대하여

```
foreach i of varlist v*{                                               가

        di "`i'"                                                       나
                                                                       다
}
```

주: 이 반복문을 실행할 때 데이터 내에 존재하는, 변수명이 v로 시작하는 변수는 v1과 v4임

그림 12.8 foreach: 변수리스트에 대하여

앞서 변수에 대한 반복 작업과 관련해서 특별한 경우가 아니면 [그림 12.4]처럼 사용해도 된다고 언급한 바 있다. 그렇다면 변수에 대한 반복 작업과 관련하여 of varlist를 사용하면 괜찮은 경우는 어떤 경우일까? [그림 12.8]처럼 변수명에 규칙성이 있어 와일드카드 *를 사용하여 변수들을 지정하는 경우이다. 비록 예제데이터(예제.dta)에는 변수명이 v로 시작되는 변수가 v1, v4 두 가지라서 두 번 반복 작업이 진행되지만, 만약 v로 시작되는 변수가 100개였다면 반복 작업은 100번 시행됐을 것이다. 이렇게 와일드카드 *를 사용하여 변수들을 지정할 경우는 varlist를 사용하면 효율적일 것이다.

12.2.6 levelsof

여기서는 foreach와 관련된 특정 문법을 소개하는 것이 아니라 foreach와 콜라보를 이루어 많이 사용되는 부분을 소개하였다. levelsof라는 명령어와 foreach가 콜라보를 이루어 많이 사용되는데 왜 많이 사용될 수밖에 없는지 [그림 12.9]의 작업을 통해 알 수 있을 것이다. [그림 12.9]에서 이루어지는 작업은 auto.dta파일을 토대로 headroom의 값별로 구분하여 회귀분석한 후 각 계수추정치를 headroom별로 beta변수에 입력하는 작업이다. headroom별로 이루어지는 반복 작업이기 때문에 headroom의 unique한 변수값들(1.5, 2, 2.,5 3, 3.5, 4, 4.5, 5)을 파악한 다음, foreach 반복문을 사용해야 될 것이다. 그러나 headroom의 unique한 변수값들을 파악하기가 어렵고, 설령 파악했더라도 이를 foreach 로컬명 in 다음에 일일이 입력하기 불편하다는 문제점이 존재한다. 이때 levelsof 명령어[2]를 사용하면 아주 편하다. levelsof는 한 변수에 존재하는 unique한 값들을 가로로 보여주는 명령어이다. 이때 local옵션이 있는데 [그림 12.9]의 (a)처럼 local옵션을 사용해주면 해당 로컬 매크로에 한 변수의 unique한 값들을 저장할 수 있다. [그림 12.9]의 경우 headroom의 unique한 값들이 로컬 number(`number')에 저장됨을 알 수 있고, 그다음 foreach 반복문을 사용하여 headroom마다 반복 작업을 수행할 수 있다.[3]

---

2 levelsof 문법은 levelsof 변수명 [if] [in] [, options]이며 local옵션과 같이 사용됨. levelsof의 자세한 문법은 명령문창에 help levelsof를 쳐서 나오는 설명과 [그림 12.9]를 통해 살펴보길 바람

3 local옵션을 사용한 levelsof를 통하여 로컬 매크로가 만들어지기 때문에 반복문을 실행하기 위해서는 당연히 levelsof 부분부터 드래그하고 실행해야 됨

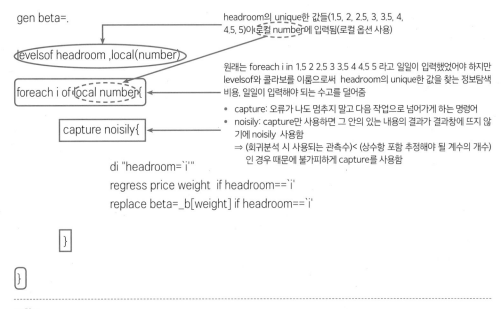

주: 예시 작업은 headroom의 값별로 구분하여 회귀분석한 후 각 계수추정치를 headroom별로 beta 변수에 입력하는 작업임

그림 12.9   foreach: levelsof와 콜라보

참고로 foreach의 중괄호 안에 capture noisily를 확인할 수 있는데, capture 명령어는 오류가 나도 무시하고 넘어갈 수 있게 해주는 명령어이다. 그리고 capture만 사용하면 capture의 중괄호 안의 명령어들의 작업이 결과창에 나타나지 않기 때문에 noisily를 사용했다. capture 명령어를 불가피하게 사용한 이유는 headroom마다 작업되는 회귀분석과 관련하여 오류가 날 수밖에 없기[4] 때문에 불가피하게 capture 명령어를 사용했다. 회귀분석식은 price=α+βᆞweight+ε이며, headroom마다 수행되고 이를 위해 regress 라는 명령어를 사용했다. 회귀분석을 수행하면 weight의 계수추정치 $\hat{\beta}$는 시스템변 수 _b[weight]에 저장된다. 그래서 앞에서 미리 만든 beta변수 안에 replace beta=_ b[weight] if headroom==`i'를 해주면 headroom의 위치에 맞게 $\hat{\beta}$가 입력된다.

한편 반복과정은 [그림 12.9]의 (b)와 같이 이루어지는데 이어달리기 트랙은 display 명령어 regress 명령어 replace 명령어 세 부분이다. 반복 작업 시 1번 타자는 로컬 number 안에 입력된 headroom의 첫 번째 값인 1.5이며, 트랙을 다 돌고 나면 로 컬 number 안에 입력된 값이자 headroom의 두 번째 값인 2.0이 두 번째 타자가 되 어 트랙을 돌게 된다. 마지막 반복 작업은 마지막 8번 타자인 5.0이 display, regress, replace 명령문을 돌며 반복 작업이 이루어지게 된다. 보통은 반복문과 관련하여 단순 히 foreach만 소개하지만 levelsof와 함께 많이 사용되기 때문에 이를 알아두면 여러 가 지로 데이터 작업이 편할 것이다.

---

4 tabulate headroom 명령어를 사용하면 headroom==5인 관측수가 1개임. 이때는 회귀분석 시 사용되 는 관측수(=1)〈상수항 포함 추정해야 될 계수의 개수(=2)이기 때문에 회귀분석을 할 수 없음. 이는 컴 퓨터상의 오류가 아닌 회귀분석의 이론을 알아야 되는 부분임

12.3 while

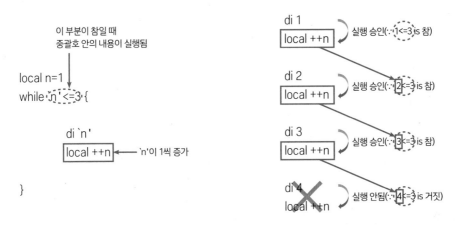

그림 12.10   while 반복문 예시(1)

while문은 while 뒤의 표현이 참이면 중괄호 안에 있는 명령문이 실행되고 그렇지 않으면 실행되지 않는 반복문이다. [그림 12.10]의 경우 `n'<=3이 그 표현에 해당된다. [그림 12.10]을 통해서 이루어지는 반복 작업은 다음과 같다. 앞서 local n=1로 인해 1이 된 `n'은 while문에서 중괄호로 들어가기 전에 실행 승인 여부 심사를 받게 된다. `n'<=3을 통해서이다. 이때 `n'==1이기 때문에 `n'<=3은 참이 되어 실행 승인을 받아 중괄호 안에 있는 명령어들을 수행하게 된다. 처음에는 di 1이 이루어지며 local ++n을 통해 `n'==2가 된다.[5] 그다음 다시 `n'<=3으로 다시 돌아가서 실행 승인 여부 심사를 받게 된다. 이때 `n'==2이기 때문에 `n'<=3은 참이 되어 실행 승인을 받아 중괄호 안에 있는 명령어들을 수행하게 된다. 이런 식으로 반복 작업이 진행되어 `n'==4가 되고 `n'<=3으로 다시 돌아가서 실행 승인 여부 심사를 받게 된다. 그러나 이때는 `n'<=3은 거짓이 되어 중괄호 안의 명령어들은 실행되지 않고 종료된다.

---

5   local n=`n'+1과 같은 표현임

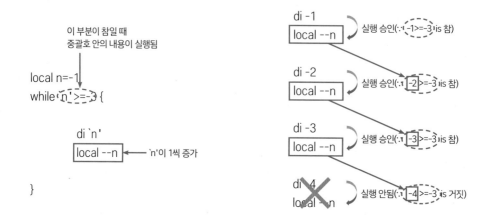

그림 12.11   while 반복문 예시(2)

[그림 12.11]은 반대로 1씩 감소하는 예시이며 `n'이 1씩 감소하는 방식으로 실행하기 위해 local --n을 사용했다.[6] while문의 예시인 [그림 12.10]과 [그림 12.11]을 보면 알 수 있듯이 각각 local ++n, local --n을 통해 `n'값이 변하였다. 즉 만약 이들이 없었다면 [그림 12.10]과 [그림 12.11]의 반복 작업은 끝없는 반복 작업이 되었을 것이다. 이처럼 간단한 예시지만 while문은 자칫 잘못하면 끝없는 반복 작업이 되기 쉽기 때문에 이 점을 주의하며 사용해야 한다.

12.4 ▶ 이중루프

반복문 안에 반복문을 넣는 것도 가능하다. 즉 이중루프(nested loop)가 가능하다. 앞에서 forvalues, foreach 반복문을 이어달리기 내지 계주달리기로 비유했는데, 이중루프를 계주달리다가 중간에 코끼리코 돌기를 수행한다고 생각하면 이해가 쉽다. 더

---

6 local n=`n'-1과 같은 표현임

나아가 반복문, 루프는 삼중루프, 다중루프도 가능하다. 아래의 [그림 12.12]의 예시 작업을 통해 이중루프가 어떻게 수행되는지 설명하고자 한다. [그림 12.12]의 예시 작업은 19단 데이터를 만드는 작업이다.

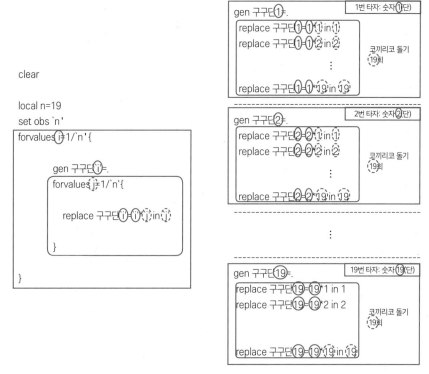

(a) 이중루프 반복과정

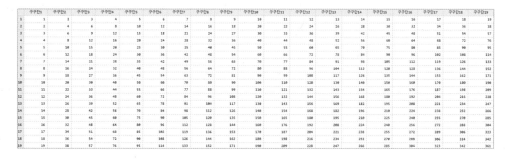

	구구단1	구구단2	구구단3	구구단4	구구단5	구구단6	구구단7	구구단8	구구단9	구구단10	구구단11	구구단12	구구단13	구구단14	구구단15	구구단16	구구단17	구구단18	구구단19
1	1	2	3	4	5	6	7	8	9	10	11	12	13	14	15	16	17	18	19
2	2	4	6	8	10	12	14	16	18	20	22	24	26	28	30	32	34	36	38
3	3	6	9	12	15	18	21	24	27	30	33	36	39	42	45	48	51	54	57
4	4	8	12	16	20	24	28	32	36	40	44	48	52	56	60	64	68	72	76
5	5	10	15	20	25	30	35	40	45	50	55	60	65	70	75	80	85	90	95
6	6	12	18	24	30	36	42	48	54	60	66	72	78	84	90	96	102	108	114
7	7	14	21	28	35	42	49	56	63	70	77	84	91	98	105	112	119	126	133
8	8	16	24	32	40	48	56	64	72	80	88	96	104	112	120	128	136	144	152
9	9	18	27	36	45	54	63	72	81	90	99	108	117	126	135	144	153	162	171
10	10	20	30	40	50	60	70	80	90	100	110	120	130	140	150	160	170	180	190
11	11	22	33	44	55	66	77	88	99	110	121	132	143	154	165	176	187	198	209
12	12	24	36	48	60	72	84	96	108	120	132	144	156	168	180	192	204	216	228
13	13	26	39	52	65	78	91	104	117	130	143	156	169	182	195	208	221	234	247
14	14	28	42	56	70	84	98	112	126	140	154	168	182	196	210	224	238	252	266
15	15	30	45	60	75	90	105	120	135	150	165	180	195	210	225	240	255	270	285
16	16	32	48	64	80	96	112	128	144	160	176	192	208	224	240	256	272	288	304
17	17	34	51	68	85	102	119	136	153	170	187	204	221	238	255	272	289	306	323
18	18	36	54	72	90	108	126	144	162	180	198	216	234	252	270	288	306	324	342
19	19	38	57	76	95	114	133	152	171	190	209	228	247	266	285	304	323	342	361

(b) 이중루프 시행 결과

주: 예시 작업은 19단 데이터 만들기임

그림 12.12 이중루프 예시

[그림 12.12]를 통해 만들고자 하는 데이터는 [그림 12.12]의 (b)의 데이터로 19단을 만드는 것이다. 이를 위해 구구단1이라는 변수를 생성한 다음 각 줄에 1단의 값을 입력해야 한다. 그다음 구구단2라는 변수를 생성한 다음 각 줄에 2단의 값을 입력해야 한다. 이러한 방식으로 반복 작업이 진행되는데 각 구구단 변수를 생성하는 작업(gen 구구단`i'=.)이 이어달리기가 되며, 각 줄에 2단의 값을 입력하는 작업(replace 구구단`i'=`i'*`j' in `j')이 코끼리코 돌기가 된다.

이제 [그림 12.12]의 (a)를 통해 19단 만들기가 어떻게 이루어지는지 좀 더 구체적으로 살펴보자. 우선 1번 타자인 1단이 로컬 i(`i')에 들어가면서 gen 구구단`i'=.라는 트랙을 돈다. 그러나 각 줄에 1단의 값들을 입력해야 하기 때문에 replace 구구단`i'=`i'*`j' in `j'의 코끼리코 돌기를 수행한다. 1번 타자가 1이기 때문에 `i'==1이고, 코끼리코를 1회 돌 때 `j'==1이기 때문에 replace 구구단1=1*1 in 1의 명령어가 작동된다. 주의할 점이 forvalues 안에 또 다른 forvalue 반복문(`j'에 대한 반복문)이 실행되는 상황이기 때문에 `j'==2에 대한 반복 작업이 이루어진다. 즉 `j'에 대한 반복문이 끝난 다음 `i'==2에 대한 바깥 테두리의 forvalues의 반복문이 수행되는 것이다. 괜히 이중반복문, 이중루프를 이어달리기하다가 중간에 코끼리코 돌기라고 비유한 것이 아니다.

replace 구구단1=1*1 in 1의 작업이 이루어지면 1번 타자인 1(단)은 코끼리 코를 두 번째로 돌아야 하기 때문에 replace 구구단1=1*2 in 2의 작업이 이루어진다. 19단 만들기이기 때문에 코끼리코 돌기도 19회를 수행해야 하기 때문에 1번 타자 1(단)은 replace 구구단1=1*19 in 19를 수행하고 계주를 2번 타자인 2(단)에게 넘긴다. 그다음 2(단)은 gen 구구단2=.라는 작업을 수행한 다음 코끼리코 돌기를 19회 수행하면서 replace 구구단2=2*1 in 1에서 replace 구구단2=2*19 in 19까지의 작업을 수행하고 3번 타자인 3(단)에게 바톤을 넘긴다. 이러한 반복 작업으로 마지막 주자인 19(단)이 gen 구구단19=.를 한 다음 코끼리코 돌기를 수행하여 replace 구구단19=19*19 in 19까지 실행하고 계주를 마치면서 19단을 완성한다.

12.5 조건문

반복문을 사용하여 반복 작업을 하다보면 중간에 예외 작업을 하고 싶은 경우가 있을 것이다. 이럴 때는 조건문을 사용하면 된다. 3장에 소개된 [if]와 생긴 모습은 같다. 3장에 소개된 [if]는 if qualifier라 불리며 조건문의 역할을 수행하는 if는 if programming command라고 불린다. 이 조건문 if는 if 뒤에 나오는 표현이 참이면 중괄호 안에 있는 내용을 실행하는데 만약 else 부분이 있을 경우 그 부분을 건너뛰어 다음 부분을 작업하게 된다. 반대로 if 뒤에 나오는 표현이 거짓이면 중괄호 안의 내용을 무시하고 넘어가는데, else가 있을 경우 else 안의 내용을 대신 수행하며 다음 do파일 내용을 진행한다. if 부분과 else 부분은 서로 대체관계에 있다고 생각하면 된다. 또한 조건문의 역할을 수행하는 if는 알고리즘에서 배우는 다이아몬드 역할을 수행한다고 이해하면 쉽다. 아래의 [그림 12-13]을 통해 조건문 if, if programming command가 어떻게 적용되는지 살펴보자.

[그림 12.13]은 기본적으로 이중루프에서 언급된 작업과 같은 작업이나, 모든 변수를 대상으로 2번째 줄을 대상으로 "홍진호"라는 문자값을 입력하는 예외 작업을 추가한 부분이 되며 시행 결과는 [그림 12.13]의 (b)가 된다. 기본적으로 이중루프에서 언급한 작업과 같은 19단을 만드는 작업이기 때문에 이어달리기 1번 타자인 1(단)만 예시로 들어 조건문의 과정을 설명하겠다.

1번 타자인 1(단)이 트랙을 돌기 시작하여 gen 구구단1=""을 실행한 다음 코끼리코를 돈다. 코끼리코 돌기 1회(j'==1)을 할 때 코끼리코를 몇 바퀴 돌았는지 조건문을 통해 검사받게 된다. 코끼리코 돌기 2회(j'==2)를 수행한 것이 아니기 때문에 if 부분을 건너뛰어 else 부분을 수행한다. else 부분은 이중루프에서 언급된 작업과 동일하다. 그다음 코끼리코 2회(j'==2)를 수행할 때도 조건문을 통해 검사받는데 이때는 조건문의 조건에 충족되기 때문에 else 부분을 수행하지 않고 2번째 줄에 "홍진호"라는 문자값을 만드는 작업을 수행한다(replace 구구단1="홍진호" in 2). 그다음 코끼리코 돌기 3회(j'==3)를 수행할 때는 코끼리코 돌기 2회(j'==2)가 아니기 때문에 else 부분의 작

```
clear

local n=19
set obs `n'
forvalues i=1/`n'{

    gen 구구단`i'=""
    forvalues j=1/`n'{

        if`j'==2{

            replace 구구단`i'="홍진호" in `j'
        }
        else{

            replace 구구단`i'=string(`i'*`j') in `j'
        }
    }
}
```

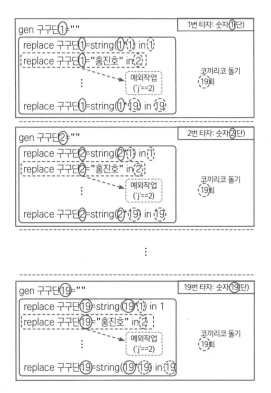

(a) 조건문을 동반한 이중루프 반복과정

(b) 조건문을 동반한 이중루프 시행 결과

주1: 예시 작업은 동일하게 19단 데이터 만들기이나 두 번째 줄에 대하여 예외 작업을 하는 부분임

주2: 두 번째 줄의 각 변수에는 "홍진호"라는 문자값이 들어가기 때문에 구구단1 - 구구단19 변수는 모두 문자변수여야 함. 그렇기 때문에 [gen 구구단`i'`''=""]로 바뀌었으며 [replace 구구단`i'=string(`i'*`j') in `j']처럼 string함수가 사용됨

그림 12.13　조건문 예시

업을 수행한다. if 부분의 작업과 else 부분의 작업은 서로 대체관계가 있다는 점과 if 뒤의 조건, 표현을 고려해볼 때, 결과적으로 코끼리코 2회 수행하는 부분이 예외 작업을 수행하는 것임을 알 수 있다. 참고로 조건문은 if 부분 안에 또 다른 if programming command를 넣는 것도 가능하고, else 안에 또 다른 if programming command를 넣는 것도 가능하다. 그리고 else 부분에서 경우를 나누어[7] else if란 표현을 쓰는 것도 가능하다.

한편 [그림 12.13]을 보면 구구단1 − 구구단19 모든 변수는 두 번째 줄에 "홍진호"라는 문자값을 입력해야 하기 때문에 모두 문자변수여야 한다. 그렇기 때문에 각 구구단 변수들을 생성할 때부터 gen 구구단1=""로 숫자값의 결측치인 점(.)을 놓은 것이 아닌, 문자값의 결측치인 ""을 넣은 것으로 바뀌었으며, 구구단 숫자를 생성할 때도 string함수가 사용됐다. 이것은 `i'*`j'를 통해 곱셈 계산을 하되 궁극적으로 컴퓨터가 문자값으로 인식하게 만들어야 하기 때문이다.

12.6 반복문을 잘 사용하기 위하여

이와 같이 반복문과 조건문을 잘 설정하면 편리하지만 잘못하면 독이 될 수 있다. 특히 while문의 경우 잘못하면 무한반복이 될 수 있다. 그래서 바로 반복문을 작성하는 것보다 첫 번째 작업에 대하여 do파일을 한 번 작성하고 잘 실행되는지 확인한 다음 반복문을 사용하면 실수를 줄일 수 있다. 그리고 반복문을 작성하기 위해서 무엇보다 규칙성을 찾는 것이 관건이다. 그다음 어떤 반복문을 사용할지, 작업의 흐름을 고려하여 어떻게 만들지 고민하면서 작성하면 된다. 처음에는 낯설 수 있지만 작성하다 보면 어렵지 않다는 것을 알 수 있다. 반복적인 작업 구간을 최소화하고 싶을 때 반복문을 작성해보자. 데이터 작업이 정말 쉬워질 것이다.

---

7 집합으로 표현하면 파티션(partition)한다고 생각하면 됨

1. 11장 1번 문제를 참조하고, 반복문을 사용하여 아래 그림의 데이터를 완성해보자.

	v1	v2	v3	v4	v5	v6	v7
1	1	2	3	4	5	6	7
2	.	2	3	4	5	6	7
3	.	.	3	4	5	6	7
4	.	.	.	4	5	6	7
5	.	.	.	.	5	6	7
6	.	.	.	.	.	6	7
7	.	.	.	.	.	.	7

2. 10장 1번 문제를 반복문을 사용하여 풀어보자.

3. 8장 연습문제 2번 문제를 반복문을 사용하여 풀어보자.

4. 10장 2번 문제를 반복문을 사용하여 풀어보자.

5. 반복문을 사용하여 아래의 (a)의 데이터를 만들어보자.

HINT while문 예시에서 소개된 local ++n과 아래 그림의 (b)를 참조

(a)	(b)
	clear
	gen 이름=""
	set obs 1 replace 이름="지유" in L
	set obs 2 replace 이름="수아" in L
	set obs 3 replace 이름="시연" in L
	set obs 4 replace 이름="한동" in L
	set obs 5 replace 이름="유현" in L
	set obs 6 replace 이름="다미" in L
	set obs 7 replace 이름="가현" in L
	set obs 8 replace 이름="드림캐쳐" in L
	set obs 9 replace 이름="인썸니아" in L

(a)

	이름
1	지유
2	수아
3	시연
4	한동
5	유현
6	다미
7	가현
8	드림캐쳐
9	인썸니아

연습문제

6. 조건문 예시에 나온 do파일 내용을 참조하여 아래의 데이터를 완성해보자.

HINT 상기 5번을 풀기 위한 반복문도 참조해야 됨

	구구단1	구구단2	구구단3	구구단4	구구단5	구구단6	구구단7	구구단8	구구단9
1	지유	2	3	4	5	6	7	8	9
2	2	수아	6	8	10	12	14	16	18
3	3	6	시연	12	15	18	21	24	27
4	4	8	12	한동	20	24	28	32	36
5	5	10	15	20	유현	30	35	40	45
6	6	12	18	24	30	다미	42	48	54
7	7	14	21	28	35	42	가현	56	63
8	8	16	24	32	40	48	56	드림캐쳐	72
9	9	18	27	36	45	54	63	72	인썸니아

7. 5장의 string함수와 <format을 쉽게 활용하는 방법>을 참조하여 아래의 각 문구가 결과
창에 나타나도록 do파일을 작성해보자.

파일01.dta
파일02.dta
파일03.dta
파일04.dta
파일05.dta
파일06.dta
파일07.dta
파일20.dta

회귀분석 명령어 소개

13장에선 (패널)회귀분석과 관련된 명령어를 소개하고자 한다. 특히 패널회귀분석을 시행하기 위한 패널선언 명령어를 소개할 것이며, 더미변수를 생성하며 회귀분석하는 방법과 기저(base)를 바꾸는 방법을 소개하고자 한다.

CONTENTS

13.1 중회귀분석(또는 합동 OLS할 시)

```
use 예제1.dta,clear
regress a b c
```

```
. regress a b c

      Source |       SS           df       MS      Number of obs   =       481
-------------+----------------------------------   F(2, 478)       =      0.51
       Model | 108880.628           2  54440.3142   Prob > F        =    0.6010
    Residual | 51055813.4          478  106811.325   R-squared       =    0.0021
-------------+----------------------------------   Adj R-squared   =   -0.0020
       Total | 51164694.1          480  106593.113   Root MSE        =    326.82

------------------------------------------------------------------------------
           a |      Coef.   Std. Err.      t    P>|t|     [95% Conf. Interval]
-------------+----------------------------------------------------------------
           b |  -.0019649   .0463458    -0.04   0.966    -.0930316    .0891018
           c |  -.0468148   .0464554    -1.01   0.314    -.1380969    .0444673
       _cons |   463.3584   32.13868    14.42   0.000     400.2078    526.509
------------------------------------------------------------------------------
```

주: 본 회귀분석은 합동OLS(poolded ols) 회귀분석이나 중회귀분석(multiple regression)에도 동일한
명령어로도 적용 가능함

그림 13.1 회귀분석 결과(합동 OLS)

Stata의 회귀분석과 관련된 명령어는 쉽다. [그림 13.1]을 보더라도 알 수 있듯이 중
회귀분석(multiple regression) 명령어 문법[1]은 [regress *결과변수 원인변수1 원인변수2
....*] 되기 때문에 한눈에 봐도 문법을 쉽게 알 수 있다. [그림 13.1]에 사용된 예시데이
터에서 패널데이터이기에 사용된 regress 명령어는 결과적으로 합동 OLS(Pooled OLS)
를 돌린 것과 같다. regress 명령어를 사용하면 좌측 상단은 anova 테이블이 나오며,

---

[1] [그림 13.1]에 적용된 문법으로 적었으며 자세한 문법은 명령문창에 help regress를 입력하여 나오는
창을 참고하기 바람. regress 명령어도 거의 명령어와 마찬가지로 [if]와 [in]이 당연히 적용되며, 옵션들
도 존재함

우측 상단은 위에서부터 각각 회귀분석에 사용된 관측수, F-통계량[2], F-통계량 유의확률, 결정계수(R-squared) 수정된 결정계수(adj R-squared) RMSE(Root MSE) 등이 나온다. 그다음 아래에 각 설명변수와 상수항(_cons)에 대한 계수추정치, 표준오차, t통계량, 유의확률[3], 95% 신뢰구간이 나온다.[4]

13.2 ▶ 패널회귀분석

13.2.1 패널선언하기

패널분석과 관련된 명령어를 시행하기 위해서는 이 자료가 패널자료임을 선언(declare)해야 한다. 이를 위해 xtset 또는 tsset 명령어를 사용하면 된다. tsset은 자료가 시계열자료임을 선언할 때 사용하는 명령어이지만 패널선언할 때도 작동된다. 패널선언을 하기 위해서는 시간변수는 물론, id변수 또한 숫자변수여야 한다. 하지만 현실적으로는 id변수가 숫자가 아닌 경우가 있다. 그래서 id변수가 숫자변수인 경우, 숫자변수가 아닌 경우 해결하는 2가지 방법을 제시하고자 한다.

1 id변수가 숫자변수인 경우

```
use 예제1.dta,clear
destring id_code, gen(id)
xtset id year
```

---

2 (H_0: b의 계수추정치=c의 계수추정치=0)을 검정(test)하기 위한 통계량임

3 (H_0: 각 계수추정치=0) 검정(test)와 관련된 유의확률임. 참고로 상수항 추정치 또한 계수추정치임. 1백터의 계수추정치이기 때문임

4 regress의 옵션 중 하나인 level옵션을 통해 수정 가능함

```
. xtset id year
        panel variable:  id (strongly balanced)
         time variable:  year, 1998 to 2010
                 delta:  1 unit
```

주: xtset 명령어 대신, 시계열 선언 시 사용하는 tsset 명령어를 사용해도 됨

그림 13.2   xtset 명령어로 패널선언하기

예제1.dta 데이터의 경우, id변수인 id_code가 그나마 숫자로 바꿀 수 있는 문자변수이기 때문에, 숫자변수로 바꾼 다음 패널선언을 하였다. 필자의 경우 특히 id변수와 관련해서 숫자로 바꿀 수 있어도 id_code를 그대로 보존하면서 새로운 변수를 만드는 방향을 추천한다. 왜냐하면 대개의 경우, id를 정하는 것이 규칙이 있다. id_code의 값들을 보면 세 자릿수 형식으로 표시되어 있는데, 이것들 또한 의미가 있을 여지가 있기 때문이다. 이렇게 예제1.dta 데이터처럼 숫자변수로 쉽게 바꿀 수 있으면 처리하기 쉬운데 그렇지 않은 경우가 있다.

2 id변수가 문자변수일 때 해결책1

예제2.dta[5]를 열고 idcode변수를 확인해 보자. 분명 idcode변수가 id 역할을 할 것이 분명하지만 문자변수로 되어 있다. 5장에서 소개된 destring 명령어나, real함수를 사용할 수도 없다. 숫자 자체가 없거니와, 무엇보다 id변수의 값들은 마치 고유명사의 성격이 존재하기 때문에 이들을 함부로 조작해서는 안된다. 그런 이유로 id는 건드리지 않으면서 패널선언을 하기 위해서 idcoode변수의 각 값을 어떤 자연수로 대응시킨 새로운 변수로 생성해야 한다. 가령 idcode=="A"이면 1, idcode=="AA"이면 2, idcode=="AAA"이면 3으로 대응시키는 방식 말이다.

---

5 본 예제데이터는 Stata 웹사이트에 존재하는 nlswork.dta파일에서 일부 가공한 자료임

```
use 예제2.dta,clear
encode idcode ,gen(id) label(아이디)
order id
xtset id year
```

	id	idcode	year	birth_yr	age	race	msp	nev_mar	grade
1	A	A	70	51	18	black	0	1	12
2	A	A	71	51	19	black	1	0	12
3	A	A	72	51	20	black	1	0	12
4	A	A	73	51	21	black	1	0	12
5	A	A	75	51	23	black	1	0	12
6	A	A	77	51	25	black	0	0	12
7	A	A	78	51	26	black	0	0	12
8	A	A	80	51	28	black	0	0	12
9	A	A	83	51	31	black	0	0	12
10	A	A	85	51	33	black	0	0	12
11	A	A	87	51	35	black	0	0	12
12	A	A	88	51	37	black	0	0	12
13	AA	AA	70	50	19	white	1	0	8
14	AA	AA	71	50	20	white	1	0	8
15	AA	AA	72	50	21	white	1	0	8
16	AA	AA	73	50	22	white	1	0	8
17	AA	AA	77	50	26	white	1	0	8
18	AA	AA	82	50	31	white	1	0	8
19	AA	AA	83	50	32	white	1	0	8
20	AAA	AAA	75	52	22	white	1	0	13
21	AAA	AAA	77	52	24	white	1	0	13
22	AAA	AAA	78	52	25	white	1	0	13

주: id변수(해당변수명: idcode)가 문자변수인지라 곧바로 패널선언이 불가할 경우 encode 명령어를 사용하여 패널선언용 id변수(해당변수명: id)를 만듦

그림 13.3 id변수가 문자변수일 때 해결책(1)

이를 위한 해결책 중 하나로 encode 명령어를 사용하면 된다. encode 명령어는 문자변수의 각 값을 오름차순을 기준으로 자연수에 대응시키며 거기에 encode의 대상이 되는 문자변수(이 예시에서는 idcode변수)의 오름차순으로 정렬된 값으로 코딩해주는 명령어이다.[6] encode 명령어의 경우 새로운 변수를 생성시키는 gen옵션은 반드시 사

---

6 문자변수를 숫자변수로 바꾼답시고 encode 명령어를 잘못 사용할 수 있는데 이에 대한 예시는 5장 참조

용해야 되며 필자의 경우 label옵션의 사용을 권장한다.[7] id 역할을 수행하는 변수 이외
에 값 라벨이 덧씌워진 변수가 있을 텐데 이들의 값 라벨의 구분을 확실하게 하는 것을
선호하기 때문이다. encode 명령어를 사용하면 [그림 13.3]과 같은 결과가 나오며 패
널선언이 가능해진다.

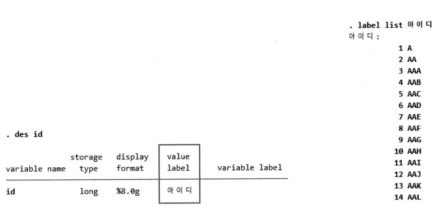

(a) describe 명령어 사용   (b) id변수에 씌워진 값 라벨 확인하기

주: encode를 사용하여 생성된 변수 id의 값 라벨을 확인하기 위해 describe 명령어를 사용(a)하여 값 라벨의 명칭을 확인
    한 다음, 각 자연수에 어떤 값 라벨이 코딩됐는지 확인함(b)

그림 13.4   encode를 사용하여 생성한 id변수의 값 라벨 확인하기

한편 id변수는 아이디라는 값 라벨로 덧입혀진, encode된 변수이다. 이를 확인하기
위해 6장에서 소개된 describe 명령어와 label list 명령어를 사용하였다. describe를 사
용하여 [그림 13.4]의 (a)처럼 id변수에 아이디라는 값 라벨이 덧씌워졌는지 확인할 수
있으며 (b)처럼 label list를 사용하여 각 자연수에 어떠한 idcode의 값이 대응됐는지 확
인할 수 있다.

---

7 label옵션을 사용하지 않으면 값 라벨(value label)명이 encode의 대상이 되는 변수의 이름으로 그대로
   정해짐

3 id변수가 문자변수일 때 해결책2

```
use 예제2.dta,clear
egen id=group(idcode)
order id
xtset id year
```

	id	idcode	year	birth_yr	age	race	msp	nev_mar	grade
1.	1	A	70	51	18	black	0	1	12
2.	1	A	71	51	19	black	1	0	12
3.	1	A	72	51	20	black	1	0	12
4.	1	A	73	51	21	black	1	0	12
5.	1	A	75	51	23	black	1	0	12
6.	1	A	77	51	25	black	0	0	12
7.	1	A	78	51	26	black	0	0	12
8.	1	A	80	51	28	black	0	0	12
9.	1	A	83	51	31	black	0	0	12
10.	1	A	85	51	33	black	0	0	12
11.	1	A	87	51	35	black	0	0	12
12.	1	A	88	51	37	black	0	0	12
13.	2	AA	70	50	19	white	1	0	8
14.	2	AA	71	50	20	white	1	0	8
15.	2	AA	72	50	21	white	1	0	8
16.	2	AA	73	50	22	white	1	0	8
17.	2	AA	77	50	26	white	1	0	8
18.	2	AA	82	50	31	white	1	0	8
19.	2	AA	83	50	32	white	1	0	8
20.	3	AAA	75	52	22	white	1	0	13
21.	3	AAA	77	52	24	white	1	0	13
22.	3	AAA	78	52	25	white	1	0	13

주: group egen함수를 사용하여 생성된 id변수가 idcode변수와 연계하여 어떻게 생성되는지
명확하게 확인하기 위해 list 명령어를 사용함

그림 13.5   id변수가 문자변수일 때 해결책(2)

두 번째 해결책으로 group egen함수를 사용하는 것이다. group함수는 egen의 여러 함수 중 하나이며, 새로운 변수를 생성하는 데(이 예시에는 id변수) 변수의 각 값을 오름차순을 기준으로 자연수에 대응시킨 값을 그 새로운 변수에 넣어주는 함수이다.[8] 그래서 group egen함수를 사용해주면 패널선언이 가능하며 [그림 13.5]처럼 데이터가 나타난다.

---

8 이 예시에서는 패널선언을 위한 idcode변수의 숫자화 작업 때문에 변수 하나만 사용했지만 변수 1개 이상을 입력할 수 있음. 그래서 idcode의 unique한 변수값(들)을 오름차순으로 넘버링할 때도 사용 가능함

13.2.2 고정효과 및 임의효과

```
xtreg ln_w grade age ttl_exp tenure ,fe
xtreg ln_w grade age ttl_exp tenure ,re
```

```
. xtreg ln_w grade age ttl_exp tenure ,fe
note: grade omitted because of collinearity

Fixed-effects (within) regression          Number of obs    =     28,099
Group variable: id                         Number of groups =      4,697

R-sq:                                      Obs per group:
     within  = 0.1443                                    min =          1
     between = 0.2745                                    avg =        6.0
     overall = 0.1924                                    max =         15

                                           F(3,23399)       =    1315.26
corr(u_i, Xb) = 0.1651                     Prob > F         =     0.0000

    ln_wage |     Coef.   Std. Err.      t    P>|t|    [95% Conf. Interval]

      grade |         0  (omitted)
        age | -.0030427   .0008644    -3.52   0.000   -.0047369   -.0013484
    ttl_exp |   .029036   .0014505    20.02   0.000    .026193     .031879
     tenure |  .0116574   .0009249    12.60   0.000    .0098444    .0134704
      _cons |  1.547951   .0181798    85.15   0.000    1.512317    1.583584

    sigma_u |  .3751722
    sigma_e |  .29556813
        rho |  .61703248  (fraction of variance due to u_i)

F test that all u_i=0: F(4696, 23399) = 7.64            Prob > F = 0.0000
```

```
. xtreg ln_w grade age ttl_exp tenure ,re

Random-effects GLS regression              Number of obs    =     28,099
Group variable: id                         Number of groups =      4,697

R-sq:                                      Obs per group:
     within  = 0.1441                                    min =          1
     between = 0.4234                                    avg =        6.0
     overall = 0.3157                                    max =         15

                                           Wald chi2(4)     =    7404.79
corr(u_i, X)   = 0 (assumed)               Prob > chi2      =     0.0000

    ln_wage |     Coef.   Std. Err.      z    P>|z|    [95% Conf. Interval]

      grade |  .0740881   .001838     40.31   0.000    .0704856    .0776906
        age | -.004452    .0006668    -6.68   0.000   -.0057588   -.0031451
    ttl_exp |  .0305486   .0011421    26.75   0.000    .0283101    .0327871
     tenure |  .0118276   .0008516    15.85   0.000    .0118276    .015166
      _cons |  .6345588   .0279024    22.74   0.000    .5798712    .6892464

    sigma_u |  .27650877
    sigma_e |  .29556813
        rho |  .46672086  (fraction of variance due to u_i)
```

(a) 고정효과   (b) 임의효과

주: 고정효과 및 임의효과에 사용된 회귀식은 $\ln\_w_{it} = \alpha + \beta grade_{it} + \gamma age_{it} + \delta ttl\_exp_{it} + \eta tenure_{it} + u_i + \varepsilon_{it}$ 임

그림 13.6   고정효과 및 임의효과

고정효과(fixed effect), 임의효과(random effect) 등 패널회귀분석을 사용하기 위한 명령어는 xtreg이다. 이처럼 패널분석과 관련된 명령어는 xtreg, xtsum, xtdes처럼 xt가 앞에 붙어있다. xtreg 문법도 regress 명령어와 비슷하며, 고정효과일 때는 fe옵션을, 임의효과일 때는 re옵션을 입력해주면 된다. 고정효과를 사용해주면 [그림 13.6]의 (a)와 같이 나오며 임의효과를 사용해주면 (b)처럼 나온다.

참고로 (a)와 (b)에서 (a)는 corr(u_i, Xb) 0이 아니지만 (b)는 corr(u_i, Xb)= 0(assumed)라고 나온다. 이는 고정효과, 임의효과의 접근에서 가장 큰 차이점이라고 볼 수 있다. 고정효과는 "시간과 상관없는 개인의 대한 에러텀(u_i)과 설명변수들 간에 상관관계가 없음을 보장하지는 않는다"라는 전제로 분석하는 반면에, 임의효과는 "u_i와 설명변수들 간에 상관관계가 없다"고 가정하고 분석하는 차이점이 있다.

13.2.3　더미변수 생성하며 회귀분석하기

회귀분석을 하다보면 설명변수에 더미변수들을 넣으면서 회귀분석을 해야 하는 경우가 있다. 그런데 더미변수를 엑셀 수작업을 하는 것은 매우 비효율적이다. 이때 Stata를 활용하면 더미변수를 쉽게 만들 수 있다. 우선 모든 값들을 대상으로 더미변수를 만드는 방법과(tabulate 사용), 완전공선성을 고려하여 값 하나를 제외한 나머지 값들을 대상으로 더미변수를 생성하며 회귀분석하는 방법을(xi 접두어 사용) 소개하고자 한다.

1 더미변수 생성하기

```
tab race ,gen(dum_)
```

```
. des dum_*

              storage   display    value
variable name   type     format    label     variable label

dum_1          byte      %8.0g                race==black
dum_2          byte      %8.0g                race==other
dum_3          byte      %8.0g                race==white
```

```
. list race dum_* if _n<=20 | _n>=2594 & _n<=2597,sepby(race)

          race    dum_1   dum_2   dum_3

  1.      black      1       0       0
  2.      black      1       0       0
  3.      black      1       0       0
  4.      black      1       0       0
  5.      black      1       0       0
  6.      black      1       0       0
  7.      black      1       0       0
  8.      black      1       0       0
  9.      black      1       0       0
 10.      black      1       0       0
 11.      black      1       0       0
 12.      black      1       0       0

 13.      white      0       0       1
 14.      white      0       0       1
 15.      white      0       0       1
 16.      white      0       0       1
 17.      white      0       0       1
 18.      white      0       0       1
 19.      white      0       0       1
 20.      white      0       0       1

2594.     other      0       1       0
2595.     other      0       1       0
2596.     other      0       1       0
2597.     other      0       1       0
```

(a) describe 명령어 사용　　　　　　(b) list 명령어 사용

주: describe 명령어를 사용함으로써 각 더미변수에서 race의 어느 값을 대상으로 1로 설정했는지 알 수 있으며(a), list 명령어를 사용하여 실제 데이터에서 어떻게 더미변수가 생성되는지 확인함(b)

그림 13.7　tabulate 명령어로 생성한 더미변수 확인하기

모든 값에 대해 더미변수를 만드는 방법은 6장에 소개된 tabulate를 사용하는 방법으로 이때는 gen옵션을 사용해야 한다. 예제 do파일을 보면 gen옵션 안에 dum_으로 표기되어 있는데 이를 사용하면 dum_으로 시작되는 dum_1, dum_2, dum_3이라는 3가지 더미변수가 만들어진다. 더미변수가 3개가 만들어지는 이유는 race의 unique한 값들인 black, other, white 3가지가 존재하기 때문이다. 각 더미변수가 어떤 race변수의 어떤 값을 기준으로 1로 설정하고 나머지는 0으로 만드는지 살펴보기 위해서 [그림 13.7]의 (a)처럼 describe를 사용하면 알 수 있다. [그림 13.7]의 (a)를 살펴보면 dum_1의 변수의 경우 race 값이 blace이면 1, 아니면 0으로 설정했음을 알 수 있다. variable label에 race==blace이라 표시되었기 때문이다. 다른 더미변수도 이와 같이 확인하면 되며 실제 데이터에 어떻게 나타나는지 살펴보기 위해 [그림 13.7]의 (b)처럼 list를 사용해주면 될 것이다. [그림 13.7]의 (b)처럼 sepby옵션에 race를 넣는 것을 추천하며 지면상의 제약으로 인해 [if] 표현을 사용하여[9] 결과창에 나타내는 줄을 제한하였다.

2 더미변수를 생성하며 회귀분석하기

```
xi: xtreg ln_w grade age ttl_exp tenure i.race ,fe
```

---

9 [in]은 단순히 범위만 설정할 수 있기 때문에 _n을 사용한 [if]를 사용함. [if]와 [in]에 대한 자세한 설명은 3장을 참조

```
. xi: xtreg ln_w grade age ttl_exp tenure i.race ,fe
i.race          _Irace_1-3        (_Irace_1 for race==black omitted)
note: grade omitted because of collinearity
note: _Irace_2 omitted because of collinearity
note: _Irace_3 omitted because of collinearity
```

| Fixed-effects (within) regression | | | | Number of obs | = | 28,099 |
| Group variable: id | | | | Number of groups | = | 4,697 |

```
R-sq:                                      Obs per group:
    within  = 0.1443                           min =        1
    between = 0.2745                           avg =      6.0
    overall = 0.1924                           max =       15

                                          F(3,23399)      =  1315.26
corr(u_i, Xb)  = 0.1651                    Prob > F       =   0.0000
```

ln_wage	Coef.	Std. Err.	t	P>|t|	[95% Conf. Interval]	
grade	0	(omitted)				
age	-.0030427	.0008644	-3.52	0.000	-.0047369	-.0013484
ttl_exp	.029036	.0014505	20.02	0.000	.026193	.031879
tenure	.0116574	.0009249	12.60	0.000	.0098444	.0134704
_Irace_2	0	(omitted)				
_Irace_3	0	(omitted)				
_cons	1.547951	.0181798	85.15	0.000	1.512317	1.583584
sigma_u	.3751722					
sigma_e	.29556813					
rho	.61703248	(fraction of variance due to u_i)				

```
F test that all u_i=0: F(4696, 23399) = 7.64          Prob > F = 0.0000
```

(a) 회귀분석하기

```
. des _Irace_*
```

variable name	storage type	display format	value label	variable label
_Irace_2	byte	%8.0g		race==other
_Irace_3	byte	%8.0g		race==white

(b) describe를 사용하여 더미변수 확인하기

주: xi 접두어를 사용하는 방식으로 더미변수를 생성하여 회귀분석할 시, 완전공선성을 고려하여 더미변수가 생성되며(a), describe 명령어를 사용하여 각 더미변수에서 race의 어느 값을 대상으로 1로 설정했는지 알 수 있음(b)

그림 13.8 더미변수를 생성하며 회귀분석하기

더미변수를 만드는 또 하나의 방법은 xi 접두어를 사용하는 것이다. 예제 do파일 내용처럼 xi:를 한 다음 회귀분석 명령어를 입력하는데 더미변수를 생성하는 재료가 되는 변수인 race 앞에 i.을 붙이고 실행해주면 된다. xi 접두어를 사용하면 [그림 13.8]의 (a)처럼, 완전공선성을 고려하여[10] race의 unique한 값들을 오름차순으로 정렬했을 때 가장 첫 번째가 되는 race==black에 대해서는 더미변수를 생성하지 않고, 나머지 race의 값들에 대해 더미변수를 만들면서 회귀분석하게 되는 것이 특징이다. 더미변수를 생성할 때는 _I변수명_숫자 형식의 더미변수를 생성하며 이 예시의 경우는 _Irace_로 시작되는 변수들이다. [그림 13.8]의 (a)에서 _Irace_1 for race==black omitted라는 문구를 통해 race가 black이면 1인 더미변수 _Irace_1이 생성되지 않았음을 알 수 있다. 그럼 나머지 _Irace_2, _Irace_3은 race의 어떤 값을 대상으로 1로 잡으면서 더미변수를 생성했는지 파악해야 하는데, 이 경우에는 [그림 13.8]의 (b)처럼 describe 명령어를 사용하면 알 수 있다.

3 기저(base)를 바꾸면서 회귀분석하기

```
char race[omit] "white"
xi: xtreg ln_w grade age ttl_exp tenure i.race ,fe
```

---

10 race변수를 예로 들면, race의 모든 unique한 값들을 대상으로 더미변수 3개 모두 설명변수로 집어넣어 회귀분석하면 완전공선성으로 계수추정이 되지 않음

```
. char race[omit] "white"

. xi: xtreg ln_w grade age ttl_exp tenure i.race ,fe
i.race          _Irace_1-3          (_Irace_3 for race==white omitted)
note: grade omitted because of collinearity
note: _Irace_1 omitted because of collinearity
note: _Irace_2 omitted because of collinearity

Fixed-effects (within) regression         Number of obs    =      28,099
Group variable: id                        Number of groups =       4,697

R-sq:                                     Obs per group:
     within  = 0.1443                               min =           1
     between = 0.2745                               avg =         6.0
     overall = 0.1924                               max =          15

                                          F(3,23399)       =     1315.26
corr(u_i, Xb)  = 0.1651                    Prob > F         =      0.0000

------------------------------------------------------------------------------
     ln_wage |      Coef.   Std. Err.      t    P>|t|     [95% Conf. Interval]
-------------+----------------------------------------------------------------
       grade |         0   (omitted)
         age | -.0030427   .0008644    -3.52   0.000    -.0047369   -.0013484
     ttl_exp |   .029036   .0014505    20.02   0.000     .026193    .031879
      tenure | .0116574   .0009249    12.60   0.000     .0098444   .0134704
    _Irace_1 |         0   (omitted)
    _Irace_2 |         0   (omitted)
       _cons | 1.547951   .0181798    85.15   0.000     1.512317   1.583584
-------------+----------------------------------------------------------------
     sigma_u | .3751722
     sigma_e | .29556813
         rho | .61703248   (fraction of variance due to u_i)
------------------------------------------------------------------------------
F test that all u_i=0: F(4696, 23399) = 7.64        Prob > F = 0.0000
```

그림 13.9　기저를 변경하고 더미변수를 생성하며 회귀분석하기

　　그런데 생각해보자. 앞서 사용한 xi 접두어를 사용한 부분은 결과적으로 race==black 을 대상으로 기저(basis)로 설정한 것이다. 그런데 꼭 race==black을 기저로 설정해야 한다는 법은 없다. 다른 값들을 대상으로 기저를 설정할 수 있다. 이를 위해 [그림 13.9]처럼 char race[omit] "white"를 하면 된다. 이 경우 race==white가 기저가 되어 race==black, race==other를 대상으로 더미변수가 생성되면서 회귀분석된다. 만약 race변수와 달리 어떤 숫자변수를 대상으로 더미변수를 만드는 데 기저를 변경하고자 할 때는 char 변수[omit] 다음에 해당 숫자를 넣되, 양옆에 큰따옴표를 넣지 말아야 함을 주의해야 한다.

CHAPTER

14

시간변수에 대하여

LEARNING OBJECTIVE

14장에선 시간변수를 생성하는 방법과 시간변수에 대해서 다루는 tip을 소개하고자 한다. 시계열자료의 경우 시간의 빈도가 월별(monthly)자료일 수도 있고 일별(daily)자료일 수도 있다. 이는 패널자료에도 동일하게 적용되는데 패널자료의 시간의 빈도가 반드시 연도라는 보장은 없다. 때에 따라서 시간의 빈도가 monthly일 수도 있고 daily일 수도 있다. 만약 다루는 데이터가 시계열자료라면 lagged변수를 만들거나 차분변수를 만드는 것은 그나마 쉬운 일일 것이나 다루는 자료가 패널자료라면 이들 변수를 생성하는 것이 여간 고생스러운 일이 아니다. 만약 시간변수에 대해서 다루는 tip을 안다면 이러한 데이터 작업을 보다 쉽게 할 수 있을 것이다. 본 예시데이터는 daily 원/달러 환율데이터와 monthly 환율데이터이지만 패널자료에서도 동일하게 적용되는 방법이다.

CONTENTS

14.0 들어가기

```
display %td 0
di %td 1
di %td 2
di %td 3
di %td 4

di %tm 0
di %tm 1
di %tm 2
di %tm 3
di %tm 4
```

위의 Stata 코드를 각각 명령문창에 입력해보자. 참고로 %td는 daily날짜를 표시하는 기본포맷이며 %tm은 monthly날짜를 표시하는 기본포맷이다. %td가 포함된 display 명령문을 명령문창에 입력하면 1960년 1월 1일~1960년 1월 5일의 날짜가 각각 나타날 것이다. 또한 %tm이 포함된 display 명령문을 명령문창에 입력하면 1960년 1월~1960년 5월의 날짜가 각각 나타날 것이다.

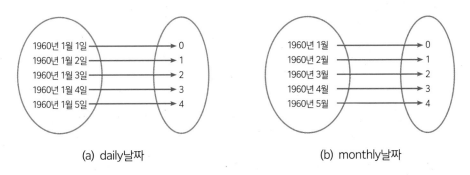

(a) daily날짜   (b) monthly날짜

그림 14.1 시간의 정수대응

이를 통해 알 수 있는 것은 daily날짜 및 monthly날짜가 [그림 14.1]처럼 정수에 각각 대응하고 있다는 점이다. 즉 각 줄에 0부터 4를 포함한 숫자변수 no를 만든 다음 포맷을 %td로 바꾼다면(format %td no) 1~5번째 줄은 각각 1960년 1월 1일~1960년 1월 5일의 날짜가 나타날 것이고, 포맷을 %tm으로 바꾼다면(format %tm no) 1~5번째 줄은 각각 1960년 1월 1일~1960년 1월 5일의 날짜가 나타날 것이다. 시간변수를 다룸에 있어서 이 개념을 먼저 잡는 것이 중요하며, daily, monthly날짜 이외에 quarterly, halfyearly 심지어 초단위 자료를 다룰 때도 정수에 적용된다는 개념은 똑같다. [그림 14.1]처럼 각 날짜가 정수에 각각 대응된다는 개념[1]을 통해 알 수 있는 것은, 날짜변수를 만들려면 날짜의 frequency를 고려하여 해당 날짜에 대응되는 정수를 만든 다음, 숫자의 format을 해당 format에 맞게 바꿔줘야 한다는 것이다. 문제는 데이터에서 시간을 나타내는 변수가 문자변수로 나타난다는 점이다.

 Stata의 시간과 정수의 대응

- Stata의 날짜의 빈도는 daily, monthly quarterly 등 여러 빈도가 존재하나 공통적으로 각 날짜가 정수에 각각 대응된다는 공통점이 존재함

- 날짜변수를 만들려면 날짜의 frequency를 고려하여 해당 날짜에 대응되는 정수를 만든 다음, 숫자의 format을 해당 format에 맞게 바꿔줘야 함
  - ▸ [그림 14.1] 참조

- 날짜변수를 만들려면 날짜의 frequency를 고려하여 해당 날짜에 대응되는 정수를 만든 다음, 숫자의 format을 해당 format에 맞게 바꿔줘야 함
  - ▸ 그러나 데이터에서 시간을 나타내는 변수가 문자변수로 나타난다는 문제점이 있음
  - ▸ 이를 해결하기 위한 방법을 14.1에서 소개하고자 함

---

1 참고로 이는 엑셀에도 동일하게 적용됨. 대응되는 숫자는 다르나, 엑셀 또한 Stata와 각 daily날짜를 정수에 대응하는 것은 동일함. 엑셀에 두 개의 셀에 각각 2020-01-01, 2020-01-02을 입력한 다음 표시 양식을 숫자로 바꾸어 보면 어떤 정수로 대응되고 있으며 그 숫자들의 차이는 1이라는 것을 알 수 있음

14.1 제대로 된 시간변수 생성하기

14.1.0 daily함수

	time	ex
1	1991-01-01	.
2	1991-01-02	.
3	1991-01-03	716
4	1991-01-04	717
5	1991-01-05	.
6	1991-01-06	.
7	1991-01-07	717.1
8	1991-01-08	717.5
9	1991-01-09	717.4
10	1991-01-10	717.6
11	1991-01-11	718
12	1991-01-12	.
13	1991-01-13	.
14	1991-01-14	718.4

그림 14.2   시간이 문자로 나오는 경우

[그림 14.2]처럼 시간이 문자로 나오거나 읽히게 되는 문제가 있다. 그렇다면 문자변수로 되어있는 time변수를 daily날짜로 대응되는 정수를 만들어주는 명령어 혹은 함수가 필요하다. 다행히 문자변수로 되어있는 변수를 daily날짜로 대응되는 정수를 만들어주는 함수가 존재한다. daily날짜에는 daily함수, monthly날짜에는 monthly함수, quaterly날짜에는 quaterly함수 등이 있다. daily함수를 기준으로 소개하고자 하며, daily함수를 잘 이해하면 나머지 함수는 자동으로 이해될 것이다. 문법이 비슷하기 때문이다.

daily("*문자로처리된daily날짜*","*YMD잘배열*"[,*Y*])

예시

daily("1960-01-01","YMD") =0

daily("19600102","YMD") =1

daily("01/03/1960","MDY") =2

주: daily함수의 세 번째 argument와 관련해선 help daily를 쳐서 참조하기 바람. 이는 연도가 90, 91처럼 두 자리 의 숫자로 나오는 경우에 사용됨

위의 문법 예시처럼, 첫 번째 argument에는 문자로 처리된 daily날짜를 입력하고, 두 번째 argument에는 큰따옴표 안에 YMD를 잘 배열해서 입력해야 한다. 이는 예시를 통해서 알 수 있는데 첫 번째 예시에서는 연도 부분인 1960이 앞에 있기 때문에 Y를 첫 번째로 입력해야 하지만, 세 번째 예시처럼 서양식 날짜로 연도를 뒤에 입력하는 경우에는 Y를 맨 뒤에 입력해야 된다. 그리고 각 예시를 보면 알겠지만 YYYY, MM, DD 부분이 잘 입력되기만 하면 정수로 문제없이 변환되는 것을 알 수 있다. 하이픈(−)이 있든, 슬러시(/)가 있든, 아무것도 없이 단순히 8자리 숫자로 입력되어 있든 말이다.

daily함수를 잘 이해하면, 나머지 함수는 자동으로 이해될 거라고 했는데 괜한 말이 아니다. 일례로 monthly함수를 예로 들면, monthly함수의 첫 번째 argument는 문자로 처리된 monthly날짜를 입력하며, 두 번째 argument에 "YM"을 순서대로 잘 배열해서 입력해주면 되기 때문이다. 이렇게 문법요소가 비슷해서 다른 빈도의 날짜와 관련된 함수들도 어떻게 사용하는지 바로 알 수 있다. 혹시나 확인하고 싶으면 help monthly, help quaterly를 명령문창에 치면 된다. 이제 예제데이터인 daily날짜별 환율파일(ex_daily.dta파일)과 monthly날짜별 환율파일(ex_monthly.dta)에 daily함수와 monthly함수가 각각 어떻게 적용되는지 살펴보자.

14.1.1 daily변수

1 첫 번째 방법

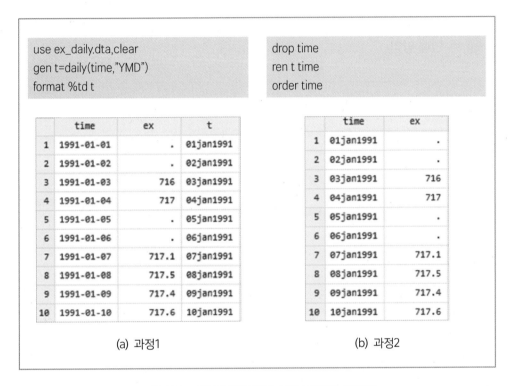

그림 14.3 문자로 된 날짜를 숫자로 바꾸는 방법(1)

첫 번째 방법은 [그림 14.3]의 첫 번째 과정(a)처럼 새로운 변수 t를 생성하는 데 daily 함수의 결과값을 집어넣는 과정이다. 이 과정만 하면 양의 정수[2]만 생성될 텐데 format 명령어로 %td 포맷이란 옷을 덧입혀주면 t변수는 비로소 사람 눈에도 보기 좋고, Stata

---

2 1960년 이후의 daily날짜이기 때문임

가 인식할 수 있는 daily날짜변수가 된다.[3] 사실상 (a)만 해도 끝나는데 기왕이면 두 번째 과정인 (b)처럼 제 역할을 다한 time변수를 없애고(drop time) t변수의 이름을 time이라는 변수명으로 바꾼 다음(ren t time) 변수 위치를 조정해주면(order time) 더 깔끔하게 나올 것이다.

2 두 번째 방법

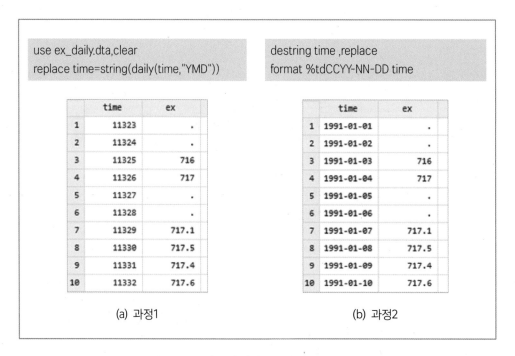

그림 14.4   문자로 된 날짜를 숫자로 바꾸는 방법(2)

---

3   쉽게 말해 [그림 14.3]에서 time변수의 첫 번째 줄의 값을 컴퓨터는 11323이라는 양의 정수로 인식하고 있음. 실제로 명령문창에 keep if time==11323을 해보면 알 수 있음

필자도 그랬고 흔히 하는 실수로 replace time=daily(time,"YMD")라고 do파일에 작성하는 것이다. 이러면 당연히 에러가 날 수 밖에 없다. 왜냐하면 예제데이터에 나오는 time변수는 문자변수이지만 daily함수를 사용한 결과값은 숫자이기 때문이다. 서로 충돌이 생기기 때문에 type mismatch라는 에러가 뜨게 된다. 그런데 5장에 소개된 string함수를 사용하면 어떨까? time은 각 daily날짜에 대응되는 양의 정수로 나오는데 문자로 처리된 값으로 최종 결과가 나올 것이며, [그림 14.4]의 (a)처럼 나타나게 될 것이다. 그러면 (b)처럼 문자변수→숫자변수로 바꾸어준 다음 format 명령어를 사용해 준다면 사람 눈에도 보기 좋은 것은 Stata가 인식하는 daily변수로 바꾸어줄 수 있다.

한편 time의 포맷이 첫 번째 방법에서 사용된 포맷과 차이가 있는데 각각 장단점이 있다. %td는 금방 외워서 사용할 수 있으나, 서양식 날짜에 익숙해야 된다는 장점이 있다. 반면 %tdCCYY-NN-DD는 한국식 날짜 표기 방식에 가까워 한눈에 파악되나, 포맷 표기가 길다는 단점이 있다. 원하는 취향에 맞게 사용하면 된다. 단 굳이 외울 필요는 없다. 이는 예제 do파일에 나온 포맷 양식을 복사해서 사용해도 되며 5장에 소개된 〈format을 쉽게 활용하는 방법〉을 적용하면 된다.

14.1.2 monthly변수

```
use ex_monthly.dta,clear
gen t=monthly(time,"YM")
format %tmCCYY-NN t

drop time
ren t time
order time

save ex_monthly_시간변수고침.dta,replace
```

	time	ex
1	1991-01	719
2	1991-02	724.1
3	1991-03	725
4	1991-04	724.4
5	1991-05	722.5
6	1991-06	725.2
7	1991-07	726.1
8	1991-08	736.5
9	1991-09	742
10	1991-10	752

주: time변수의 포맷은 %tmCCYY-NN 형식임

그림 14.5   문자로 된 monthly날짜에 대한 첫 번째 방법 적용 결과

두 번째 예시인 ex_monthly.dta자료, 즉 monthly 시계열자료에도 동일하게 적용된다. 시간의 빈도가 monthly이기 때문에 monthly함수를 썼다는 점, 해당 format을 %tmCCYY-NN으로 썼다는 것 외에는 차이가 없다. 그래서 첫 번째 방법을 사용하면 결과는 [그림 14.5]처럼 나온다.

```
use ex_monthly.dta,clear

replace time=string(monthly(time,"YM"))
destring time ,replace
format %tm time

save ex_monthly_시간변수고침.dta,replace
```

	time	ex
1	1991m1	719
2	1991m2	724.1
3	1991m3	725
4	1991m4	724.4
5	1991m5	722.5
6	1991m6	725.2
7	1991m7	726.1
8	1991m8	736.5
9	1991m9	742
10	1991m10	752

주: time변수의 포맷은 %tm 형식임

그림 14.6 문자로 된 monthly 날짜에 대한 두 번째 방법 적용 결과

두 번째 방법 또한 daily 시계열자료와 동일한 방법으로 적용된다. 시간의 빈도가 monthly이기 때문에 monthly함수를 썼다는 점, monthly시계열이기 때문에 해당 format을 %tm으로 썼다는 것 외에는 차이가 없다. 그래서 첫 번째 방법을 사용하면 결과는 [그림 14.6]처럼 나온다.

14.2 ▶ 시간변수와 관련된 유용한 tip

```
use ex_daily_시간변수고침.dta,clear
tsset time ,daily
```

시간변수와 관련된 tip을 알아두면 정말 편하다. 참고로 이러한 tip들은 시계열자료뿐만 아니라 패널데이터에도 동일하게 적용된다. 만약 다루는 데이터가 시계열자료라면 lagged변수를 만들거나 차분변수를 만드는 것은 그나마 쉬운 일일 것이나 다루는 자료가 패널자료라면 이들 변수를 생성하는 일은 매우 번거로운 작업이 될 것이다. 만

약 시간변수에 대해서 다루는 tip을 안다면 이러한 데이터 작업의 고생을 덜 수 있을 것이다. 이러한 유용한 tip을 사용하려면 상기 Stata 코드처럼 시계열선언[4](tsset time, daily)을 해줘야 한다. 패널데이터도 마찬가지로 패널선언을 해야 가능하다.

14.2.1 tsfill

```
drop if ex==.
tsfill
```

	time	ex
49	1991-03-15	725.4
50	1991-03-18	726
51	1991-03-19	725.9
52	1991-03-20	725.3
53	1991-03-21	725.3
54	1991-03-22	725.6
55	1991-03-25	725.9
56	1991-03-27	725.6

tsfill →

	time	ex
72	1991-03-15	725.4
73	1991-03-16	.
74	1991-03-17	.
75	1991-03-18	726
76	1991-03-19	725.9
77	1991-03-20	725.3
78	1991-03-21	725.3
79	1991-03-22	725.6
80	1991-03-23	.
81	1991-03-24	.
82	1991-03-25	725.9
83	1991-03-26	.
84	1991-03-27	725.6

그림 14.7 tsfill 사용 결과

tsfill은 시간의 간격을 채워주는 명령어이다. tsfill을 사용하기 위해 일부로 환율(변수명: ex)값이 결측치인 관측수들을 제거하는 작업을 하였다(drop if ex==.). 그다음 tsfill을 사용하면 [그림 14.7]처럼 비어있는 시간이 채워지게 된다. 예를 들어 [그림

4 패널선언 시에도 xtset 명령어 대신 tsset 명령어도 사용 가능하며, 자세한 문법은 명령문창에 help tsset을 쳐서 참고하기 바람

14.7]처럼 1991년 3월 15일 그다음 줄은 3월 18일로 나오는데 tsfill을 사용하면 1991년 3월 16, 17일이 나타난다. 대신 16, 17일의 환율값은 결측치로 나오게 된다. 이는 문자변수에도 동일하게 적용된다.

14.2.2　요일변수 만들기

표 14.1　dow함수의 결과값과 요일

결과값	요일
0	일요일
1	월요일
2	화요일
3	수요일
4	목요일
5	금요일
6	토요일

　그런데 각 daily날짜에 대해 요일을 표시하고 싶을 때가 있을 것이다. 날짜만 알면 요일이 바로 표시되도록 조치를 취한다면 데이터 작업이 원활히 진행될 것이다. 이때 dow함수[5]를 사용하면 편하다. dow함수는 Stata가 인식하는 daily날짜의 숫자를 입력해주면 각 날짜에 해당되는 요일을 숫자로 내보내는 함수이다. [표 14.1]처럼 0~6으로 결과를 내보내며 각각 일요일~토요일을 뜻한다.

5　dow함수의 dow는 day of week의 약자임

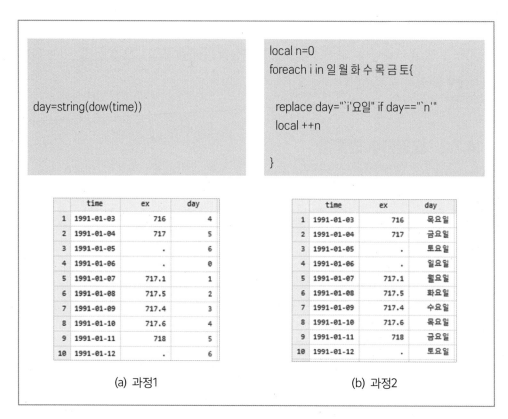

주1: dow함수에 넣어야 되는 숫자는 daily날짜와 관련된 숫자를 넣어야 됨에 주의
주2: dow함수의 dow는 day of week의 약자임

그림 14.8   요일변수 만들기

그런데 요일을 단순히 숫자가 아니라 일요일, 월요일 등 한글로 표시하고 싶을 경우 [그림 14.8]처럼 작업해주면 된다. 일요일, 월요일은 문자값이기 때문에 [그림 14.8]의 (a)처럼 day변수를 생성하는 데 dow함수와 함께 string함수를 사용하였다. 그다음 (b)처럼 각 숫자를 해당 요일로 대체하면 된다. 참고로 (b)처럼 반복문[6]을 사용해주면, replace 명령문을 7개씩 입력하지 않고 효율적으로 do파일을 짤 수 있을 것이다.

---

6 반복문의 대한 설명은 12장 참조

14.2.3 lagged변수 생성

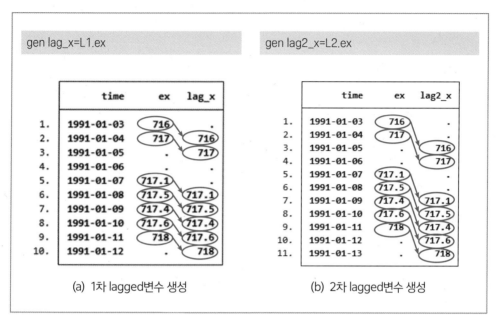

(a) 1차 lagged변수 생성   (b) 2차 lagged변수 생성

주: 대문자 L대신 소문자 l을 사용해도 됨

그림 14.9   lagged변수 생성

lagged변수를 생성하고자 할 때 [그림 14.9]처럼 =다음에 L(소문자 l도 가능)을 사용한다. 그다음 차수를 고려하여 L 다음에 숫자를 쓰고 그다음 점(.)을 입력한 다음 lagged변수를 나타내기 위한 변수를 입력(여기선 ex)하면 된다. [그림 14.9]의 (a)는 1차 lagged변수를 생성하므로 L 다음에 숫자 1을 사용했으며, [그림 14.9]의 (b)는 2차 lagged변수를 생성하므로 L 다음에 숫자 2를 사용하였다.

14.2.4 차분변수 만들기

주1: 대문자 D 대신 소문자 d를 사용해도 됨
주2: 차분할 때 둘 중 어느 한 값이 결측치이면 그 차분값 또한 결측치로 나옴

그림 14.10 차분변수 생성

차분변수를 생성하고자 할 때 [그림 14.10]처럼 =다음에 D(소문자 d도 가능)를 사용한다. 그다음 차수를 고려하여 D 다음에 숫자를 쓰고 그다음 점(.)을 입력한 다음 차분변수를 나타내기 위한 변수를 입력(여기선 ex)하면 된다. [그림 14.10]의 (a)는 1차 차분변수를 생성하므로 D 다음에 숫자 1을 사용했으며 [그림 14.10]의 (b)는 2차 차분변수를 생성하므로 D 다음에 숫자 2를 사용하였다. 주의할 점은 어떤 변수 x_t에 대하여 2차 차분을 나타낼 때는 $x_t - x_{t-2}$가 아니며 1차 차분한 값에서 한 번 더 차분한 것이 2차 차분이다. 그리고 차분할 때 둘 중 어느 한 값이 결측치이면 그 차분값 또한 결측치로 나온다.

14.2.5 특정날짜범위 남기기-daily자료

```
use ex_daily_시간변수고침.dta,clear
keep if time<=daily("1991-01-10","YMD")

use ex_daily_시간변수고침.dta,clear
keep if time<=td(10jan1991)
```

	time	ex
1	1991-01-01	.
2	1991-01-02	.
3	1991-01-03	716
4	1991-01-04	717
5	1991-01-05	.
6	1991-01-06	.
7	1991-01-07	717.1
8	1991-01-08	717.5
9	1991-01-09	717.4
10	1991-01-10	717.6

그림 14.11 특정날짜범위 남기기(daily자료)

[그림 14.11]처럼 1991년 1월 10일 포함 이전의 날짜를 남기기 위해서는 어떻게 해야 될까? [그림 14.11]의 time변수를 보면 숫자변수이다. 그렇다고 각 daily날짜에 해당되는 정수를 일일이 외우기는 비효율적이다. 그런데 앞서 문자로 처리된 날짜를 Stata 날짜에 해당되는 정수로 바꾸어주는 함수를 소개한 바 있다. 바로 daily함수 말이다. 이를 잘 활용하면 된다. 그래서 예제 do파일처럼 keep if time<=daily("1991-01-10","YMD")를 해주면 [그림 14.11]처럼 1991년 1월 10일 포함 이전의 날짜를 남길 수 있다.

그러나 이 방법의 단점이라면 daily함수 부분이 길어진다는 점이다. 그래서 다른 방법으로 td함수를 사용하면 된다. 예제 do파일과 상기 코드처럼 keep if time<=td(10jan1991)를 해주면 큰따옴표를 입력할 필요 없이 좀 더 do파일을 짧게 칠 수 있

다. 단점은 서양식 날짜표기에 익숙해져야 되며 각 월에 대한 영어 약자(1월의 경우,
January의 jan)도 알아야 한다는 점이다. 이런 장단점이 있어서 daily날짜의 경우 daily
함수를 쓸지 td함수를 사용할지 사용자의 기호에 따라 선택하면 된다.

14.2.6 특정날짜범위 남기기-monthly자료

```
use ex_monthly_시간변수고침.dta,clear
keep if time<=tm(1991m10)
```

	time	ex
1	1991m1	719
2	1991m2	724.1
3	1991m3	725
4	1991m4	724.4
5	1991m5	722.5
6	1991m6	725.2
7	1991m7	726.1
8	1991m8	736.5
9	1991m9	742
10	1991m10	752

그림 14.12   특정날짜범위 남기기(monthly자료)

시간의 빈도가 daily인 자료에서 특정날짜의 범위를 남기기 위해 daily함수와 td함수
를 사용하였다. 여기서 눈치가 있는 독자라면 이 부분에서 monthly함수를 사용할 수
있을 것 같고, tm함수가 따로 있지 않을 것 같다는 의구심을 가질 것이다. 실제로 tm함
수가 존재하며 td함수와 유사하게 tm함수 안에는 %tm 양식의 monthly날짜를 큰따옴
표 없이 입력해주면 된다. 다만 %tm 양식의 날짜는 우리나라의 시간 표시와 유사하게
연-월 형식으로 표시하기 때문에 굳이 monthly함수를 사용하지 않고 tm함수를 사용
하는 것을 추천한다.

1. 아래와 같이 데이터가 있다고 하자. 이때 나머지 숫자를 채워 변수 a의 값이 첫째 줄부터 1,2, .., 20까지 되게 하고 싶다고 할 때 어떤 명령어를 사용하면 되는가?

	a
1	1
2	7
3	20

2. 13장 예제데이터인 예제2.dta를 열어 패널선언한 후 hours변수에 대하여 1차 lagged변수 와 1차 차분변수를 생성해보자.

3. monthly 데이터인 "month.dta"와 daily 데이터인 "ex_daily_시간변수고침.dta"를 합치 고자 한다. 즉 "ex_daily_시간변수고침.dta"에 각 날짜에 해당되는 monthly날짜변수인 month를 생성한 다음 month변수를 키변수로 삼아 merge하고자 하는 상황이다. 이를 실 행하기 위해 ym함수, year함수, month함수의 사용법을 help 명령어를 사용하여 살펴본 다음, "ex_daily_시간변수고침.dta"를 master 자료로 삼아 두 데이터를 merge해라.

   HINT year함수, month함수의 사용은 7장 연습문제 1번에 나와 있음. merge의 대한 설명은 9장 참조

4. daily.csv파일을 Stata로 import한 다음 day변수를 Stata 양식의 daily변수로 바꾸어보자.

15

원시자료 경로 편하게 지정하고, 요약테이블 편하게 만들기

LEARNING OBJECTIVE

15장에서는 원시자료의 경로를 편하게 지정하는 방법과 요약테이블을 편하게 만드는 방법을 소개하고자 한다. 현실적으로 원시자료 하나만 사용하지 않는다. 여러 원시자료를 사용할 여지가 크며 사용하다 보면 여러 데이터를 생성할 때가 있다. 이를 워킹 디렉토리 한 군데에 저장한다면 가공한 데이터와 원시자료가 섞여 불편할 수 있다. 이때 이와 관련해서 원시자료의 경로를 유기적이고 편하게 지정하는 tip을 소개하고자 한다. 한편 기초통계량과 회귀분석 등 결과는 결과창에 나온다. 그러나 이러한 요약테이블을 막상 아래아 한글 내지 워드프로세서에 복사해서 붙이려면 표가 어그러진다. 또한 회귀분석과 관련하여 요약테이블 양식에 맞게 표를 만들려면 여간 힘든 것이 아니다. 그러나 Stata로 쉽게 만들 수 있다. 이에 대한 tip을 소개하고자 한다.

CONTENTS

15.1 원시자료 경로 편하게 지정하기

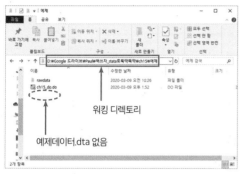

(a) 워킹 디렉토리

(b) 워킹 디렉토리 내 원시자료 경로

그림 15.1 워킹 디렉토리 내 rawdata 폴더에 있는 원시자료

[그림 15.1]의 (a)를 보면 알 수 있듯이, 15장에서 원시자료(rawdata)의 역할을 하는 예시자료(예제데이터.dta)파일이 워킹 디렉토리에 존재하지 않는 상황이다. 지금까지는 파일을 열 때 use 다음에 파일명을 입력하면 되었으나, 이때는 파일명 앞에 해당 파일이 위치한 경로를 입력해줘야 한다. [그림 15.1]의 (b)에 나와 있듯, 워킹 디렉토리 하부의 rawdata라는 폴더 안에 예제데이터.dta가 있는 상황이기 때문에 use "D:₩Google 드라이브₩Paul₩책쓰자_Stata로뚝딱뚝딱₩ch15₩예제₩rawda₩예제데이터.dta" ,clear라고 길게 입력해줘야 된다. 이렇게 줄이 너무 길어지면 여간 불편한 게 아니다. 이를 어떻게 편하게 입력해주면 될까?

```
cd "D:₩Google 드라이브₩Paul₩책쓰자_Stata로뚝딱뚝딱₩ch15₩예제"

global raw "'c(pwd)'/rawdata"
macro list raw

use "$raw/예제데이터.dta",clear
```

(a) 워킹 디렉토리를 담는 c(pwd)

```
. global raw "`c(pwd)'/rawdata"

. macro list raw
raw:            D:\Google 드라이브\Paul\책쓰자_stata로 뚝딱뚝딱\ch15\예제/rawdata
```

(b) c(pwd)를 사용하여 원시자료 경로를 담은 글로벌 raw

주: c(pwd)는 워킹 디렉토리를 담고 있으며 워킹 디렉토리가 달라지면 c(pwd)의 값도 자동으로 바뀜

그림 15.2   c(pwd)와 원시자료 경로 편하게 지정하기

[그림 15.2]의 (a)처럼 c(pwd)를 사용해주면 된다. c(pwd)는 워킹 디렉토리를 문자값으로 담고 있다. 만약 워킹 디렉토리를 d드라이브(d:₩)로 바꿀 경우 c(pwd)는 자동으로 "d:₩"로 바뀌게 된다. 그다음 원시자료(rawdata)가 위치한 폴더경로를 글로벌 raw로 지정하고자 할 때[1], [그림 15.2]의 (b)처럼 c(pwd)를 사용하여[2] 지정해주면 된다. 그

---

1 이때는 반드시 양옆에 큰따옴표를 씌워야 함
2 (pwd) 양옆에 `와 '를 입력해야 함

러면 글로벌 raw는 손쉽게 원시자료가 위치한 폴더경로를 의미하게 된다. 그래서 파일을 열 때 예제 do파일의 내용처럼 use "$raw/예제데이터.dta",clear를 실행하면[3], 줄도 짧아지면서 예제데이터.dta파일을 손쉽게 열 수 있다. 이러한 방식의 장점은 원시자료가 위치한 폴더경로를 손쉽게 지정할 수 있을 뿐만 아니라 워킹 디렉토리의 폴더를 다른 곳으로 복사하거나 이동했을 때 cd 부분만 수정하고 드래그하여 실행해 주면 자동으로 글로벌 raw의 위치가 손쉽게 바뀔 수 있다는 점이다.[4]

15.2 collapse

기초통계량을 확인하고자 할 때는, summarize 명령어를 사용하면 된다. 그러나 확인할 때는 좋으나, 표로 만들기 위해 결과창을 드래그하여 복사하면 표가 어그러져서 원본대로 표를 사용할 수가 없다. 내가 원하는 스타일의 표를 만들려고 할 때 무척 힘이 든다. 만약 기초통계량을 데이터 편집기에 나오게 한 다음, 이를 엑셀파일로 내보낼 수 있다면(export) 작업이 많이 수월해질 것이다. 기초통계량을 데이터 편집기에 나오게 하는 역할은 collapse 명령어가 수행하며, 엑셀파일로 내보내는 역할은 export excel 명령어가 수행한다.[5]

---

3 이 역시 양옆에 반드시 큰따옴표를 입력해야 함

4 단, 당연히 rawdata 폴더가 워킹 디렉토리 아래에 위치해야 함

5 물론 데이터 편집기를 편집가능모드로 바꾼 다음 드래그하고 복사하여 엑셀시트에 붙여 넣는 것도 가능하나 추천하지 않음. 그 이유는 데이터의 숫자가 원래 값으로 붙여지는 것이 아니라 겉으로 보여지는 특정 양식의 형태로 그대로 붙여지기 때문에 정확한 값을 내보낼 수가 없음. 그렇기 때문에 export excel 명령어를 사용하는 것을 추천함

15.2.1 기본방식

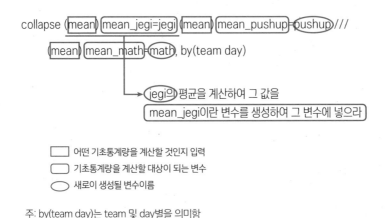

그림 15.3   collapse 명령어의 이해

collapse 명령어의 편한 점은 by라는 옵션이 있어 ~ 및 ~별 기초통계량을 구할 때 편하다. by는 7장에서 ~마다, ~별로 이해하면 된다고 언급한 바 있는데 여기서도 똑같이 적용된다. 그리고 어떻게 기초통계량을 구하는지 [그림 15.3]을 보면서 설명하고자 한다. collapse가 데이터 편집기에 기초통계량을 제시하는 명령어라고 언급했다. 그렇다면 이 말은 기존에 데이터 편집기에 업로드된 데이터는 사라지고 새로운 변수가 등장한다는 말이다. 즉 collapse를 통해서 어떤 새로운 변수를 만들 것인지, 어떤 기초통계량을 계산할 것인지, 그리고 그 대상이 되는 기존의 변수가 무엇인지 명확하게 제시해줘야 한다. [그림 15.3]에서 제기차기의 평균을 만드는 부분(mean_jegi)을 살펴보자. mean_jegi 앞에 (mean)으로 되어 있다. 이를 통해 평균을 계산할 것이고 mean_jegi라는 새로운 변수를 생성한다는 뜻이 된다. 문제는 여기에 평균을 계산할 대상을 지정해 줘야(assign) 할 텐데 이를 등호(=)의 오른쪽 부분을 통해 알 수 있으며 jegi로 되어 있다. 정리를 하면 "jegi의 평균을 계산하여 그 값을 mean_jegi이라는 변수를 생성하여 그 변수에 넣으라"는 뜻이 된다. 다른 변수도 마찬가지로 이러한 방식으로 지정하면 된다.

15.2.2 좀 더 간단하게 사용 가능한 경우

```
use "$raw/예제데이터.dta",clear
collapse (mean) jegi pushup math, by(team day)
```

collapse (mean) jegi pushup math, by(team day)

기초통계량을 계산할 대상이 되는 변수의 이름 = 새로이 생성될 변수의 이름

인 경우

그림 15.4 collapse 명령어를 좀 더 간단히 사용 가능한 경우

	team	day	jegi	pushup	math
1.	A	1	23.5	72.5	51.5
2.	A	2	27.5	75.5	55
3.	A	3	20	75.5	62
4.	A	4	17.5	87	59.5
5.	A	5	25	86.5	62
6.	B	1	37.66667	61.66667	65.66667
7.	B	2	44	60.66667	69
8.	B	3	41.66667	57.66667	72
9.	B	4	45.33333	60.66667	71.66667
10.	B	5	48	62.33333	74.33333

그림 15.5 collapse 명령어 사용 결과(1)

collapse를 좀 더 간단하게 사용 가능한 경우는 [그림 15.4]처럼 한 기초통계량(여기서는 평균)을 계산하므로, 새롭게 만들 변수명을 기존의 변수명 그대로 사용하고자 할 경우이다. 이 경우는 (mean) 다음에 변수명만 적어주면 된다. 이렇게 do파일을 짜고 실행해주면 결과는 [그림 15.5]처럼 나오게 된다.

```
reshape wide jegi pushup math ,i(day) j(team) string
export excel "표_만들기.xlsx" ,firstrow(var) replace
```

day	jegiA	pushupA	mathA	jegiB	pushupB	mathB
1	23.50	72.50	51.50	37.67	61.67	65.67
2	27.50	75.50	55.00	44.00	60.67	69.00
3	20.00	75.50	62.00	41.67	57.67	72.00
4	17.50	87.00	59.50	45.33	60.67	71.67
5	25.00	86.50	62.00	48.00	62.33	74.33

(a) 엑셀로 내보낸 결과

day	A			B		
	jegi	pushup	math	jegi	pushup	math
1	23.50	72.50	51.50	37.67	61.67	65.67
2	27.50	75.50	55.00	44.00	60.67	69.00
3	20.00	75.50	62.00	41.67	57.67	72.00
4	17.50	87.00	59.50	45.33	60.67	71.67
5	25.00	86.50	62.00	48.00	62.33	74.33

(b) 표 양식에 맞게 꾸미기

주: (b)는 엑셀에서 작업한 것임

그림 15.6   엑셀로 내보낸 다음 꾸미기(1)

그러나 현실적으로 [그림 15.5]처럼 테이블을 만들지 않는다. 그렇기 때문에 표의 양식을 내가 원하는 스타일에 맞게 바꿀 필요가 있다. 가령 [그림 15.6]의 (b)처럼 표를 만들고 싶다고 해보자. 이를 위해서 [그림 15.5] 상태에서 reshape wide를 해줘야 한다. 앞서 collapse를 사용할 때 by옵션에 team과 day변수를 입력하였다. 이 말은 collapse를 사용하고 난 뒤의 데이터는 team과 day변수로 각 줄이 구분된다는 뜻이 된다. 그래서 [그림 15.5]의 자료는 long form으로 바라볼 수 있으며 team과 day변수를 i옵션과 j옵션에 적절히 넣어줘야 한다. 그런데 [그림 15.6]의 (b)의 모습을 고려하면 i옵션에는 day를 j옵션에는 team을 입력해야 될 것이다. 그다음 team과 day변수의 화살을 받는 jegi pushup math변수를 reshape wide 다음에 입력을 해줘야 한다. 그리고 j옵션에 들어간 team변수는 문자변수이기 때문에 string옵션을 넣는 것을 잊지 않은 채 reshape wide를 해주고 export excel 명령어를 사용해주면 표_만들기.xlsx 파일이 생성되며 엑셀파일을 열면 [그림 15.6]의 (a)처럼 등장하게 된다. 그런 다음 엑셀로 편집해서 [그림 15.6]의 (b)처럼 만들면 될 것이다.

15.2.3   여러 변수들을 대상으로 여러 기초통계량 구해보기

```
use "$raw/예제데이터.dta",clear
collapse (count) obs=jegi (mean) mean=jegi ///
                 (sd) sd=jegi (min) min=jegi (max) max=jegi , by(team day)
```

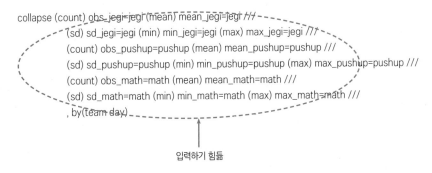

그림 15.7   여러 변수들을 대상으로 여러 기초통계량을 구할 때의 난점

　한편 다른 기초통계량을 구하고자 할 경우 위의 코드와 같이 괄호 안에 다른 것을 넣으면 된다. 관측치는 count를 넣으면 되며, 표준편차는 sd, 최솟값은 sd, 최댓값은 max를 넣으면 된다. 이 외에 다른 통계량을 사용하고자 할 경우에 help collapse를 명령문창에 쳐서 참고하면 될 것이다. 한 변수를 대상으로 여러 기초통계량을 구하기 때문에 do파일의 줄이 짧다. 문제는 [그림 15.7]처럼 여러 변수들을 대상으로 여러 기초통계량을 구하고자 할 때, 일일이 다 적으면 줄이 필연적으로 길어질 수밖에 없다. 일일이 입력하다가는 실수하기도 쉽다. 어떻게 하면 일일이 입력하는 작업을 줄일 수 있을까?

```
use "$raw/예제데이터.dta",clear

rename (jegi pushup math) v_=
reshape long v_ ,i(name day) j(var) string
```

	name	day	var	team	v_
1.	김 철 수	1	jegi	A	20
2.	김 철 수	1	math	A	59
3.	김 철 수	1	pushup	A	83
4.	김 철 수	2	jegi	A	26
5.	김 철 수	2	math	A	65
6.	김 철 수	2	pushup	A	81
7.	김 철 수	3	jegi	A	21
8.	김 철 수	3	math	A	67
9.	김 철 수	3	pushup	A	80
10.	김 철 수	4	jegi	A	22
11.	김 철 수	4	math	A	62
12.	김 철 수	4	pushup	A	97
13.	김 철 수	5	jegi	A	26

그림 15.8   long form을 long form으로 바꾸기

패널 long form인 예제데이터.dta를 wide form으로 바라보아 long form으로 바꾼 다음 collapse를 해주면 된다. 이를 위해 jeji, pushup match 변수명 앞에 v_를 붙인 다음[rename (jegi pushup match) v_=] reshape long을 해주면 된다. 그러면 wide form으로 바라볼 수 있고 이를 long form으로 바꾸면 [그림 15.8]과 같은 결과가 나온다.[6]

```
collapse (count) obs_=v_ (mean) mean_=v_ ///
                 (sd) sd_=v_ (min) min_=v_ (max) max_=v_, by(team day var)
order team day var
```

---

6 이에 대한 자세한 설명은 10장 참조

	team	day	var	obs_	mean_	sd_	min_	max_
1.	A	1	jegi	2	23.5	4.949747	20	27
2.	A	1	math	2	51.5	10.6066	44	59
3.	A	1	pushup	2	72.5	14.84924	62	83
4.	A	2	jegi	2	27.5	2.12132	26	29
5.	A	2	math	2	55	14.14214	45	65
6.	A	2	pushup	2	75.5	7.778175	70	81
7.	A	3	jegi	2	20	1.414214	19	21
8.	A	3	math	2	62	7.071068	57	67
9.	A	3	pushup	2	75.5	6.363961	71	80
10.	A	4	jegi	2	17.5	6.363961	13	22
11.	A	4	math	2	59.5	3.535534	57	62
12.	A	4	pushup	2	87	14.14214	77	97

주: 지면 제약상 12번째 줄까지만 표시함

그림 15.9   collapse 명령어 사용 결과(2)

그다음 collapse 명령어를 실행해주는데 v_변수에 대한 관측수, 평균, 표준편차, 최솟값, 최댓값의 기초통계량을 만들어주면 된다.[7] 이때 by옵션에 team, day변수뿐만 아니라 var라는 변수를 반드시 추가해야 한다. collapse를 실행하고 보기 좋게 team, day, var변수를 앞으로 위치하게 해주면(order team day var) 결과는 [그림 15.9]와 같다.

```
reshape wide *_ ,i(day var) j(team) string
save temp.dta ,replace
```

---

7 새로운 변수를 생성하기 위해 obs_, mean_ 등 끝에 _를 붙였는데, 이는 엑셀로 내보내기 전에 자료의 구조를 바꿀 때 쉽게 바꾸기 위함임

표 15.1 종목별로 만들고자 하는 표 양식

일차	A					B				
	obs	mean	sd	min	max	obs	mean	sd	min	max
1										
2										
3										
4										
5										

주: 이와 같은 양식으로 엑셀파일에 각 시트로 내보내고자 함. 즉 시트명은 종목명이 됨

그다음 기초통계량 표를 작성하려고 한다. 표의 양식은 각 종목별로(jegi, math, pushup) [표 15.1]처럼 만들고자 한다. 즉 3개의 표를 만드는 것이고 한 개의 엑셀파일에 3개의 시트로 내보내고자 하는 상황이다. 이를 위해 우선 [그림 15.9]의 자료를 reshape wide를 해줘야 한다. [그림 15.9]는 team, day, var변수로 각 줄이 구분되는 상황이다. 그런데 우리가 원하는 양식인 [표 15.1]을 고려해보면 team변수의 값인 "A", "B"가 옆으로 피버팅(pivoting)되어야 한다. 그래서 j옵션에 team을 넣고 i옵션에는 day, var변수를 입력한다. 그다음 자료구조상 team, day, var변수의 화살을 받는 이들은 변수명의 끝이 _로 끝난다. 이 특성을 고려하여 reshape wide 다음에 *_를 입력하였다. 그리고 team변수는 문자변수이기 때문에 string옵션을 넣는 것을 잊어서는 안된다. 그래서 상기 Stata 코드대로 reshape wide를 해주고 나서 일단 이를 임시파일(temp.dta)로 저장해 준다. 반복 작업을 하기 위해서이다.

```
levelsof var ,local(var)
foreach i of local var{

        use temp.dta,clear
        keep if var=="`i'"
        drop var
        export excel "조별_종목기초통계량.xlsx" ,firstrow(var) sheet("`i'" ,replace)


}
```

	A	B	C	D	E	F	G	H	I	J	K
1	day	obs_A	mean_A	sd_A	min_A	max_A	obs_B	mean_B	sd_B	min_B	max_B
2	1	2	52	11	44	59	3	66	19	51	87
3	2	2	55	14	45	65	3	69	19	53	90
4	3	2	62	7	57	67	3	72	18	55	91
5	4	2	60	4	57	62	3	72	22	50	93
6	5	2	62	4	59	65	3	74	20	55	95
7											
8											

‹ › | jegi | math | pushup | ⊕

(a) 엑셀로 내보낸 결과

	A	B	C	D	E	F	G	H	I	J	K
1				A				B			
2	day	obs	mean	sd	min	max	obs	mean	sd	min	max
3	1	2.00	51.50	10.61	44.00	59.00	3.00	65.67	18.90	51.00	87.00
4	2	2.00	55.00	14.14	45.00	65.00	3.00	69.00	19.00	53.00	90.00
5	3	2.00	62.00	7.07	57.00	67.00	3.00	72.00	18.08	55.00	91.00
6	4	2.00	59.50	3.54	57.00	62.00	3.00	71.67	21.50	50.00	93.00
7	5	2.00	62.00	4.24	59.00	65.00	3.00	74.33	20.03	55.00	95.00
8											

‹ › | jegi | math | pushup | ⊕

(b) 표 양식에 맞게 꾸미기

주: (b)는 엑셀에서 작업한 것임

그림 15.10 엑셀로 내보낸 다음 꾸미기(2)

종목별로 표를 만들고 이를 각 엑셀시트로 보낼 것이기 때문에 반복 작업을 해야 한다. 그래서 이를 일부러 임시파일로 저장했다. math변수를 기준으로 설명하면, 우선 임시파일(temp.dta)에서 var가 math인 줄을 남긴다(keep if var=="`i'"). 그러면 var변수는 모든 값이 math인지라 없어도 되기 때문에 var변수를 제거한다(drop `i'). 그다음이 상태에서 시트의 이름을 math로 설정하여 엑셀파일로 내보낸다[export excel "조별_종목기초통계량.xlsx" ,firstrow(var) sheet("`i'" ,replace)]. 그러면 엑셀로 내보낸결과는 [그림 15.10]의 (a)와 같은 결과로 나온다. 그런데 이를 반복 작업해야 하기 때문에 반복문을 쓰는데 jegi, math, pushup에 대한 작업이기 때문에 foreach를 사용했다. 그런데 12장에서 소개했듯이, levelsof 명령어를 사용하면 좀 더 편하게 사용할 수있기 때문에 levelsof와 콜라보를 이루었다. 이때 반복문을 사용할 때 주의할 점은 작업의 흐름을 고려하여 반드시 use temp.dta,clear 부분을 명시해야 한다는 것이다. 그러면 [그림 15.10]의 (a)처럼 3개의 시트가 나갈 것이며 표 디자인은 대략 [그림 15.10]의(b)처럼 엑셀에서 꾸며주면 될 것이다.

15.3 ▶ outreg2

```
. ssc install outreg2
checking outreg2 consistency and verifying not already installed...
installing into c:\ado\plus\...
installation complete.
```

그림 15.11   outreg2 명령어 설치하기

outreg2는 회귀분석 결과를 논문 양식으로 내보내주는 명령어이다. 엑셀파일로 내보낼 수도 있고 워드파일로 내보낼 수 있다. 그런데 이 명령어는 Stata 유저가 만든 명령어이다. 그래서 처음에는 명령어를 [그림 15.11]처럼 명령문창에 ssc install outreg2를쳐서 설치해야 된다. 이는 한 번만 실행하고 나면 설치되는 것이기 때문에 do파일이 아니라 명령문창에 사용해도 된다. 설치가 완료되면 outreg2 명령어를 사용할 수 있다.

outreg2 using 파일이름[.*확장자명*] [, *옵션1 옵션2 …*]	
옵션	**설명**
b̲racket	계수추정치 밑에 표시되는 괄호 부분이 대괄호로 나오게
word	word파일로 내보내기(확장자 명시하지 않으면 rtf파일로 나오게 됨)
excel	엑셀파일로 내보내기(확장자 명시하지 않으면 xml파일로 나오게 됨)
sdec(#)	계수추정치의 표준오차가 소수점#자리로 나오게
replace	기존에 있는 파일 덮어씌우기
append	다른 회귀분석 결과를 옆으로 잘 붙이기

outreg2 명령어의 문법은 위와 같다. 옵션에서 명시한 대로 내보내고자 하는 파일이름에 확장자명도 명시하는 것이 좋다. 그렇지 않으면 word파일의 경우 rtf파일로 나가게 되며, 엑셀파일의 경우 xml파일로 나가게 되기 때문이다. 또한 word파일은 확장자를 doc로 엑셀파일은 xls로 명시해야 파일이 제대로 생성된다. 이외에도 outreg2의 다른 옵션이 많이 존재하는데 더 자세히 알고 싶으면 명령문창에 help outreg2를 치면 문법설명과 함께 나온다.

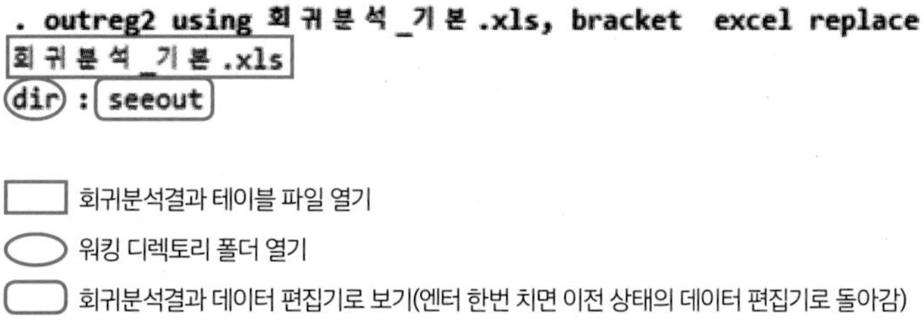

```
. outreg2 using 회귀분석_기본.xls, bracket  excel replace
회귀분석_기본.xls
dir : seeout
```

☐ 회귀분석결과 테이블 파일 열기
◯ 워킹 디렉토리 폴더 열기
◯ 회귀분석결과 데이터 편집기로 보기(엔터 한번 치면 이전 상태의 데이터 편집기로 돌아감)

그림 15.12   outreg2 명령어 사용 후 결과창 화면

outreg2 명령어를 사용하면 화면에 푸른색 글자들이 뜬다. [그림 15.12]는 엑셀파일로 내보낸 예시인데, 파일명인 회귀분석_기본.xls를 클릭하면 해당 파일이 열리며 dir을 클릭하면 워킹 디렉토리 폴더가 열린다. 그리고 seeout을 클릭하면 회귀분석 결과가 데이터 편집기에서 열린다. 처음에는 데이터 편집기의 내용이 달라져서 당황할 수 있으나 엔터키를 누르면 다시 이전 상태의 데이터 편집기로 돌아가게 된다.

15.3.1 excel파일로 내보내기

```
reg price mpg
outreg2 using 회귀분석_기본.xls, bracket  excel replace

reg price mpg headroom
outreg2 using 회귀분석_기본.xls, bracket excel append
```

VARIABLES	(1) price
mpg	-238.9***
	[53.08]
Constant	11,253***
	[1,171]
Observations	74
R-squared	0.220
Standard errors in brackets	
*** p<0.01, ** p<0.05, * p<0.1	

(a) 첫 번째 작업

VARIABLES	(1) price	(2) price
mpg	-238.9***	-259.1***
	[53.08]	[58.42]
headroom		-334.0
		[399.5]
Constant	11,253***	12,683***
	[1,171]	[2,074]
Observations	74	74
R-squared	0.220	0.227
Standard errors in brackets		
*** p<0.01, ** p<0.05, * p<0.1		

(b) 두 번째 작업

그림 15.13 회귀분석 결과를 엑셀파일로 내보내기

처음 outreg2 작업은 엑셀파일로 내보내는 작업이다. 이때 옵션에 excel옵션과 더불어 반드시 대괄호 옵션인 bracket옵션을 명시하도록 하자. 그 이유는 엑셀의 특성 때문인데, 일반괄호를 씌워진 숫자는 음수로 나올 수 있기 때문이다. 그리고 처음 결과파일을 생성할 때 replace옵션을 명시하는 게 좋으며, 그 이유는 2장에 명시된 save 명령어를 사용할 때 replace옵션을 명시해야 하는 이유와 같다. 그래서 첫 번째 outreg2 명령어를 실행하고 나서 회귀분석_기본.xls파일을 열면 [그림 15.13]의 (a)와 같이 나온다.

그리고 outreg2 명령어는 append옵션이 있는데 이 옵션을 사용하여 회귀분석 결과를 옆으로 붙일 수 있다. 두 번째 outreg2 명령어가 append옵션의 사용 예시이며 사용하면 [그림 15.13]의 (b)와 같이 나온다. [그림 15.13]의 (a)와 비교하면 두 번째 회귀분석의 경우 headroom변수를 설명변수로 추가했기 때문에 첫 번째 회귀분석 표에서 headroom에는 아무런 표시가 나타나지 않는다.

15.3.2 word파일로 내보내기

```
reg price mpg
outreg2 using 회귀분석_기본.doc, word replace sdec(2)

reg price mpg headroom
outreg2 using 회귀분석_기본.doc, word append sdec(4)
```

VARIABLES	(1) price	(2) price
mpg	-238.9***	-259.1***
	(53.08)	(58.4248)
headroom		-334.0
		(399.5499)
Constant	11,253***	12,683***
	(1,170.81)	(2,074.4972)
Observations	74	74
R-squared	0.220	0.227

Standard errors in parentheses
*** p<0.01, ** p<0.05, * p<0.1

그림 15.14 회귀분석 결과를 word파일로 내보내기

앞서 언급했듯이 word파일로 내보낼 때는 확장자명을 doc로 내보내는 것이 좋으며 word옵션을 명시하는 것을 추천한다. 한편 계수추정치 밑의 표준오차의 소수점 자리를 조절할 수 있는데 이를 sdec옵션으로 조절할 수 있다.[8] 그래서 첫 번째 회귀분석을 word파일로 내보낼 때는 sdec(2)로 지정해서 표준오차의 소수점자리가 2자리가 되었으며, 두 번째 회귀분석을 word파일로 내보낼 때는 sdec(4)로 지정해서 표준오차의 소수점자리가 4자리가 됨을 알 수 있다. 이 외에 word파일을 생성할 때 replace옵션을 사용하는 것과 다른 회귀분석의 결과를 옆으로 붙이고자 할 때 append옵션을 사용하는 것은 엑셀파일을 생성할 때와 동일하다.

---

8 help outreg2를 치면 계수추정치의 소수점자리도 조절할 수 있는 옵션이 소개되어 있음

1. collapse 명령어를 사용하여 팀 및 일차별로 jegi, pushup, match 변수의 표준편차를 구해
   보자.

2. 아래와 같은 표 양식으로 일차별로 엑셀파일에 내보내고자 한다. 이를 위해 do파일을 작성
   해보자.

var	A					B				
	obs	mean	sd	min	max	obs	mean	sd	min	max
jegi										
math										
pushup										

주: 이와 같은 양식으로 엑셀파일에 일차별로 각 시트로 내보내고자 함. 즉 시트명은 일차가 됨

3. help outreg2를 쳐서 옵션을 참고하여 15장 회귀분석의 결과를 outreg2 명령어로 내보내
   는데, 계수추정치의 소수점자리를 2자리수로 설정하여 나가게 해보자.

4. outreg2 명령어뿐만 아니라 Stata user들이 만든 user-written 명령어들이 많다.
   findit 명령어를 사용하여, unique, renvars, nrow 명령어를 설치하여 활용해보자. 또
   한 ssc install rsource를 명령어를 사용하여 rsource 명령어도 사용해보자. 그리고 ssc
   whatshot을 사용하여 어느 명령어가 인기있는지 살펴보고 필요하다 싶은 명령어가 있으
   면 다운받아 사용해보자.

Stata로 뚝딱뚝딱

Stata로 뚝딱뚝딱